繡出美好日常的
法式刺繡

朴香善（Alors）著

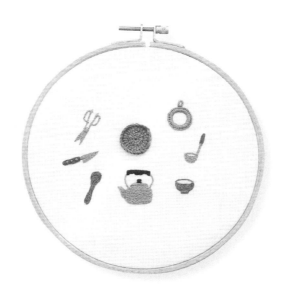

cleaning
tools

今天
正是完成待辦工作的好日子

沒有特別的事情
只是又一次展開平凡的日常

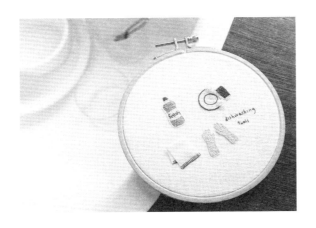

但若暫時凝神細思
在我所愛的空間中，充滿了我喜愛的物品
與我親愛的人們共度的時間，何其珍貴

100% cotton

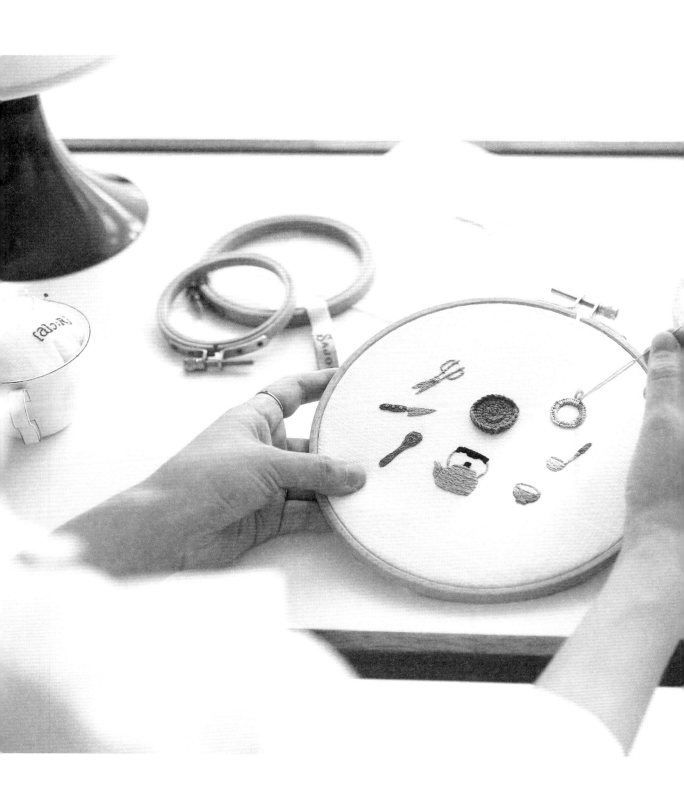

總在視線所及之處，卻令人百看不厭
即使每天重複也依舊感到幸福

與我一起繡出
生活日常的片刻確幸，如何？

alors
embroidery!

我喜歡家。
也喜歡家中歲月靜好的時光。

用刺繡針針縫補零散的日常瞬間，
用刺繡細細增添瑣碎的日常片刻。

縱使既不宏偉、也不特別
但與自己喜愛的物品共度日常，卻無比珍貴。

在每日流逝的時間裡，
不需特別費心，
因自己喜愛的物件獲得內心平靜，
如此累積著日常生活……

與本書一起，
在繁忙的一天之中，
即使只是稍縱即逝的片刻，
願你也能享受到心有餘裕的美好刺繡時光。

— Alors 朴香善

Contents

Chapter 1 一日之計在於晨

Chapter 2 專屬我的獨處時光

*Special

刺繡的基礎

✦ 刺繡必備的工具與材料 ✦

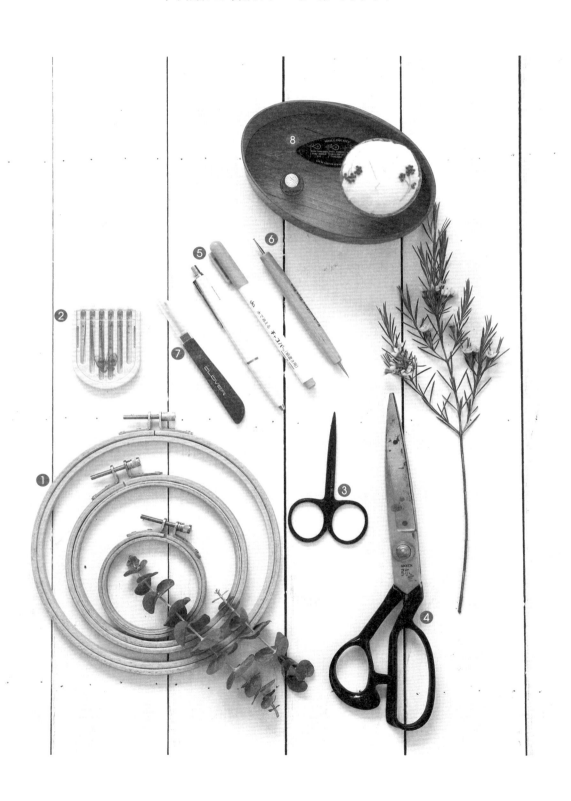

× 基本工具

1 繡框

這是能將繡布繃緊、繃平，以便於在其上刺繡的工具。
雖然有木製、竹製與塑膠製等多樣的材質，
但堅實穩固的木製繡框就是最常被選用的。
而繡框有多種大小與模樣的選擇，書中主要使用直徑10~18公分的圓形木製繡框。

2 繡針

刺繡針的針孔比一般縫衣針大一些，適合各種股數的繡線。
可依選用的繡線與繡線股數，選擇適當針號的繡針。

繡針針號與繡線股數

法式刺繡針號	25號繡線	其他繡線股數	
3號	5~6股	5號線	
4號			
5號	4~5股	8號線	Diamant 金屬線 1~2股
6號	3~4股		
7號	2~3股	12號線	Appletons羊毛繡線 1~2股
8號	1~2股		
9號	1股		
10號			

※請注意，會因各品牌不同而有所差異性。

3 線剪

用於剪裁線專用，刀尖峰銳，適合挑剪繡線。

4 布剪

用於剪裁布片。

5 水消筆或熱消筆

用於在繡布上描繪圖案。
水消筆的筆跡可沾水去除，
熱消筆的筆跡則可用熨斗或蒸氣等加熱後去除。

6 鐵筆

用於將圖案轉印、描繪至繡布上。
若沒有鐵筆的話，可用沒有水的原子筆代替。

7 拆線刀

用於繡錯時，將繡線從繡布上拆下。
它可以盡可能避免拆線時損壞繡布，
是對刺繡新手相當有用的工具。

8 穿線器

可幫助繡線輕易穿過繡針針孔。

× 刺繡材料

1 繡線
本書中主要使用的 DMC 25 號刺繡線，它是以 6 股線捻成一條繡線。
繡線的長度約 8 公尺，刺繡時請先裁剪成約 50 公分長度使用。
此外，也有使用到 DMC 品牌的金屬線 Diamant 以及 Appletons 品牌的羊毛線（Crewel wool thread）等繡線。
金屬線及羊毛線與 25 號繡線略有不同，屬於新手使用上較困難的繡線，請剪裁得短一些來使用。

2 繡布
一般雖然大多使用亞麻布料，但本書中更常使用機械粗布等棉製的布料。
如果在刺繡前先水洗過一次，可以預防未來布料起皺。

3 毛氈布（felt）
製作貼布繡（Appliqué）、刺繡畫、書籤、磁鐵、裝飾小物時使用。
在毛氈布上刺繡時，隨著布料的厚度越厚則繡線難度越高，
因此使用約 1 釐米的薄氈布最合適。盡量不要刺穿布料，請用浮貼的感覺在布料上層刺繡。

4 水溶性轉印布
適合用於在部分布面上填補、或者需在深色布料上刺繡、難以轉印圖案的時候。繡完後，將不必要的部分盡量剪下之後，浸泡於水中就會消失。必須徹底清洗喔！

5 描圖紙與布用轉寫紙
描圖紙是方便轉繪圖案的輕薄紙張。
用轉寫紙轉印圖案時，則需繪於可用清水清洗的部分，如轉印到不需繡的部分，即可以輕鬆清除。

6 串珠
本書中使用圓管珠、圓珠、亮片、木珠（纏繞用）等。
需使用最細的刺繡針、或是串珠專用針，並用選定色彩的繡線將其固定。
如果不希望看見繡線的話，推薦使用透明線。

7 鬚邊脫線防止液（防綻液）
創作作品時，可將其塗抹於繡布邊緣或線結上，可防止布料鬚邊或繡結鬆脫。
如此一來，也不需要在布料邊緣用毛邊繡做處理，是經常被使用的工具。

8 手藝用黏著劑
這是在許多手工藝中都會使用到的多用途接著劑，膠水乾燥之後會轉為透明，
幾乎看不到痕跡。

✦ 在開始刺繡前的須知事項 ✦

在圖案上鋪上描圖紙，用熱消筆或鉛筆照圖案描繪。

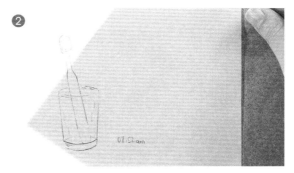

將描圖紙置於繡布上，中間鋪上複寫紙。
★ Tip 亦可使用本書中的＜刺繡圖案紙型＞來替代描圖紙描繪圖案，也非常便利。

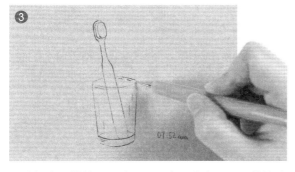

用珠針或膠帶等工具將圖紙上方固定之後，用鐵筆或鉛筆再隨圖案描繪一次。
★ Tip 描繪過程中請稍微掀開複寫紙，確認圖案是否完整轉印到布面上。

圖案完整轉印之後，移除描圖紙與複寫紙，用水消筆再次補足圖案未能完整複寫的部分。

複寫紙的墨水面需貼合於布面，若複寫紙放置面相反，則圖案無法順利轉印。

若圖案複寫得太過模糊，則不易於刺繡。

× 繡框使用方法

將螺絲轉鬆,再把繡框分離成兩個。

先將內框置於桌面,將繡布置於上方,再用雙手施力按壓外徑繡框,使繡框嵌合。

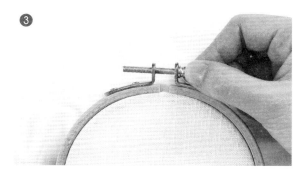

旋緊螺絲,使繡布能夠固定地平整緊繃。

均勻地將繡布拉平,整理好布面,使其能維持平整。

NG!

若繡布嵌進繡框時太過鬆弛,就沒有使用繡框的意義了!一邊刺繡的同時,也需不時旋緊螺絲、拉緊布片使其繃直平整。

× **刺繡線穿針法**

• 25號繡線

1

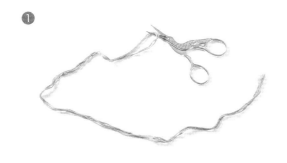

拉出線捲中心露出的線頭，剪裁約50~60公分長度。

2

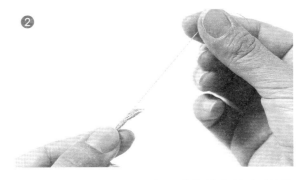

在剪裁下來的繡線中，一條一條的抽出所需要的股數，再將線整合一起。

3

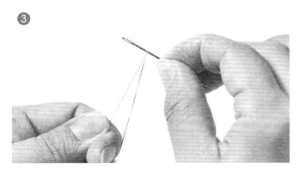

如圖所示，將線從距離線頭約5公分處對折，這個動作是為了確實抓出線折角的角度。

4

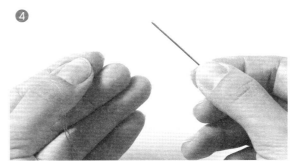

用拇指與食指壓緊繡線對折的地方，取出繡針。更可用力將線對折的地方壓得更扁實平整。

5

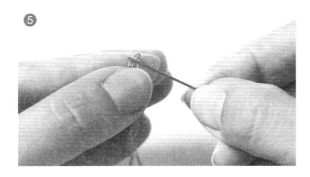

將手指稍微分離，同時將繡線對折處穿進針孔中。

6

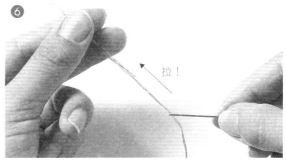

握住穿過針孔的線，直接拉出約10公分長度。

· 羊毛繡線

❶

如25號繡線的處理方式，找出線捲中心的線頭、拉出繡線。因為每次拉線的長度約為30公分，可再取略長一些、剪裁下約40公分的長度。

❷

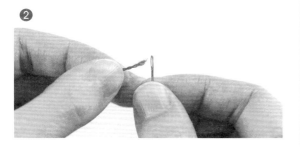

將線頭整理密實後，穿過針孔。
★ Tip 將線頭沾少許水，可更輕鬆整理好線頭。

❸

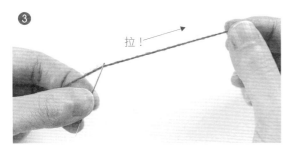

拉！→

拉出約10公分長的繡線。

· 金屬線

❶

解開線圈，剪下約30公分的長度。

❷

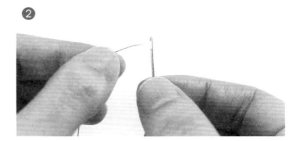

將線頭整理密實後，穿過針孔。

❸

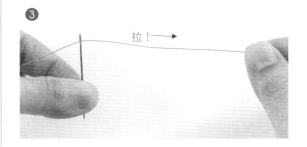

拉！→

拉出約10公分長的繡線。

NG!

DMC品牌的金屬線Diamant是由3縷線合為1股，因此需小心不讓線縷散開。

× 線頭打結的方法

❶

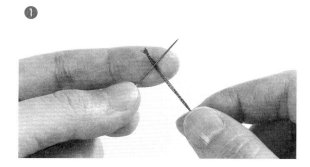

線已穿針後,將針壓在繡線的尾端。

❷

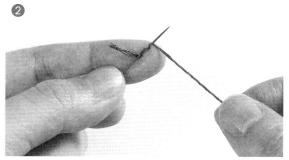

將繡線在針上纏繞 1~2 圈。

★ Tip 隨著25號繡線與金屬線,使用的股數越少,需纏繞越多圈。

❸

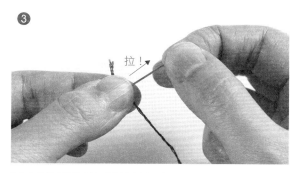

拉!

用手指緊握住線圈纏繞的部分,以另一手握住繡針將繡針拉出。

❹

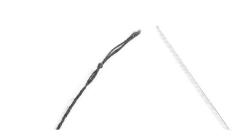

完成打結!

× 線尾繩結的打法

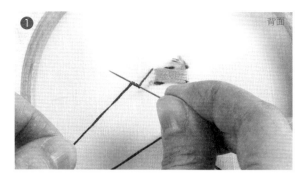

將繡線在針上纏繞1~2圈。
★ Tip 隨著25號繡線與金屬線，使用的股數越少，需纏繞越多圈。

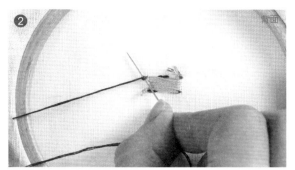

將繞好線圈的繡針，平整緊壓在準備打結收尾的布面上。

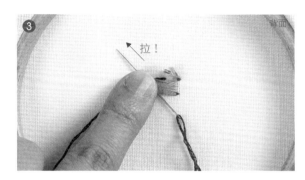

用手指緊握住線圈纏繞的部分，以另一手握住繡針將繡針拉出。

完成打結！再剪去多餘的繡線即可。
★ Tip 由於羊毛繡線的摩擦力較低，需要更用力綁緊！在剪去剩餘繡線前，可用繡針穿過繩結縫隙，將繡線纏繞密實後再剪除。

× 收尾處不打結的收尾方法

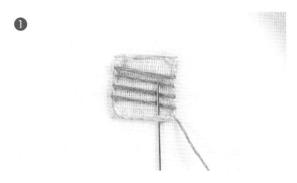

在繡布背面，將針穿過最後一針後，再將線尾繞針數圈後，將針拉出。

將剩餘的繡線剪除。剪掉多餘的線尾。

✦ 本書中使用的28種刺繡技法 ✦

× **直線繡** Straight stitch

這是1針繡出直線的技法，斜度則可以隨意發揮。

❶ 將繡針由繡布背面，向上出針而過。

❷ 設好想要的間隔之後，再將繡針向下入針。

❸ 完成！
★ Tip 像這樣一針就能完成的，就稱做「針腳」。

可改變長度與排列方向等變化，來表現圖案花紋。

× **回針繡** Back stitch

這是每繡一針後就再返回一針的技法，如圖示由右往左進行。

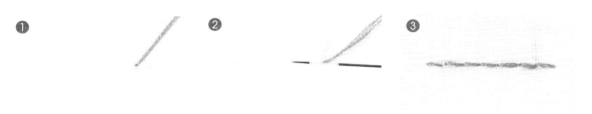

❶ 在距離圖案起始點到左邊一針的位置上出針。

❷ 返回繡出一針腳，接著再往前繡在下一個針腳的位置。

❸ 重覆相同的動作，回針繡完成！
★ Tip 需留意維持同樣長度的針腳來運針，能繡出沒有縫細的針腳。

直線繡的應用範例

回針繡的應用範例

× 平針繡 Running stitch

針腳長度與每個針腳的間隔長度需相同。如圖示由右往左進行。

將繡針從起始點出針。

決定好要繡的距離後，入針。
★ Tip 事前可先畫好針腳間隔，易於辨識。

在間隔距離相同處，再次出針，在一個針腳的長度位置再入針。

重覆 2~3 次同樣的步驟即完成！

× 繞線平針繡 Whipped running stitch

在平針繡上以不同的繡線，穿繞而成的刺繡技法。

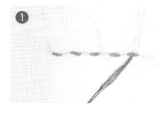

首先，繡好平針繡後，使用同色或其他顏色的繡線，從第一個針腳中間下方穿出。

在第二個針腳處將繡針由上而下穿過。
★ Tip 要注意不可將針穿過繡布。

依序由相同的方向（上→下）穿過繡針，直到繞至平針繡最後一個針腳間隔為止。

在最後一個針腳中間上方，將繡針入針收尾。

完成！

平針繡的應用範例

繞線平針繡的應用範例

× **鎖鏈繡** Chain stitch

繡出有如鎖鏈般圖樣的刺繡技法，應用於線條與平面繡時，被廣為使用。

在起始點出針後，以左手拇指壓住繡線。

與出針的同樣地方再度入針，並在距離一個針腳處做出針，同時將繡線圈在繡針上。

將繡針抽出，平拉到底，製作出第一個鎖眼。

重複相同步驟刺繡2~3次，不需過度用力拉扯繡線，以便鎖鏈可以保持渾圓的模樣，並均勻維持針腳大小。

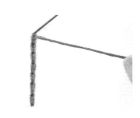

最後在鎖鏈的外緣刺下繡針收尾。

完成！

鎖鏈繡的應用範例

× 繞線鎖鏈繡 Whipped chain stitch

在鎖鏈繡上以不同的繡線纏繞而成的刺繡應用。

①

首先，繡好鎖鏈繡後，使用同色或他色的繡線穿好繡針，從第一個鎖鏈繡起始點的左側刺出。

②

由第二個針腳的右側往左側方向穿過繡針。

★Tip 此時需留意不可刺穿繡布。

③

持續由相同的方向（右側→左側）穿過繡針，直到纏繞至鎖鏈繡最後一個針腳間隔為止。

★Tip 繡線必須維持相同的張力纏繞，成品才更美觀。

④

在最後一個鎖鏈的右側刺下繡針收尾。

⑤

完成！

繞線鎖鏈繡的應用範例

× 輪廓繡 Outline stitch

用於表現圖案的輪廓或曲線的繡法，若需要填滿平面的應用又稱被稱作輪廓填色繡（Outline Filling stitch）。

❶

將繡針從起始點出針，並將繡線向下拉直。

❷

將繡針在距離一針的位置上入針，再往左半針腳處出針。

❸

在繡線向下拉直的狀態下，在距離一針的位置入針，同時在前針腳結束的位置出針。

❹

此時慢慢抽出繡針，拉出繡線的同時，檢查第一針腳的一半處是否呈現交疊的模樣。

❺

將繡針拉出到底。

❻

以相同的方法，維持半個針腳重疊刺繡，進行輪廓繡即可。

❼

在最尾端時入針並收尾。

❽

完成！

背面

★ Tip 輪廓繡背面的形狀需像平整的回針繡才行！

輪廓繡的應用範例

輪廓填色繡的應用範例

× 釘線繡 Couching stitch

將繡線以另一條繡線固定的繡法，以繡出線條或填滿圖案面積時皆可使用。

❶

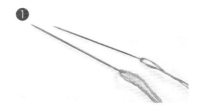

準備好兩組繡針後，分別穿上不同顏色繡線。

★Tip 使用同色的繡線也無妨。

❷

將當作主軸色的繡線，從起始點出針。

❸

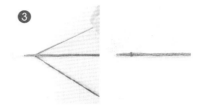

用另一條繡線，以相同的間隔將主線以直線繡技法固定。

❹

重覆以相同的間隔距離，固定主線。

❺

收尾的時候，將主軸線先打好結後，再將固定用的繡線打結，完成釘線繡。

❻

完成！

釘線繡的應用範例

× **毛邊繡** Blanket stitch

這是經常用來整理毛毯（Blanket）邊緣、收尾用的繡法，也用於裝飾繡布的布邊或嵌花刺繡。
需留意這與扣眼繡（Buttonhole Stitch）是不同的技法！

從起始點1出針，將線向上拉並用
左手拇指固定繡線。

將繡針同時穿過2和3處，此時繡
線維持在繡針下方。

只要將繡針平直拉出一個直角，
就完成了毛邊繡的一個針腳。

重複2~3的步驟刺繡。

★Tip 請維持相同的高度與間隔喔。

在最後一個針腳，入針收尾。

完成！

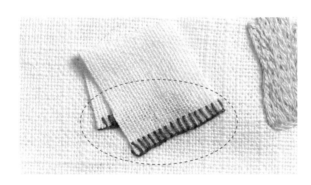

毛邊繡的應用範例

×**輪狀毛邊繡** Blanket ring stitch

將毛邊繡呈現出圓形的技法。

畫出希望的圓形大小，並標示出
圓心。從1出針並用左手拇指壓住
繡線。

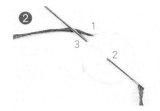

將繡針同時穿過2（圓心）與3處，
此時將繡線維持在繡針下方。

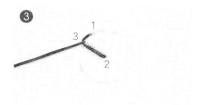

拉出繡針，完成一針腳。

重複2~3的步驟，並回到一開始
刺繡的位置，維持相同的間隔距
離，繡出圓形。

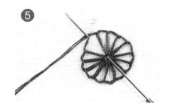

持續刺繡，並回到第一個針腳的
位置。

最後將繡針穿過銜接處後方做收
尾。

完成！

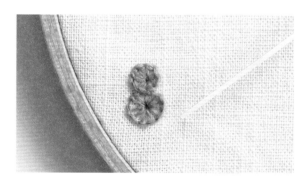

輪狀毛邊繡的應用範例

╳ 米字繡 Star stitch

可以繡出星星模樣。由於每一針腳都會延續至下一個針腳，所以下針時要好好確認位置喔。

❶

在繡布上繪出頂點數為偶數的星形，從1號處出針。

❷

將繡針刺入與1對角的2號，由逆時針方向的3號處繡出。

❸

這樣就完成一個針腳了。

❹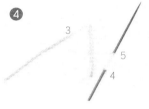

與前述相同，繡入與3號對角的4號，由逆時針方向的5號處繡出。

❺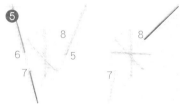

剩餘部分也以同樣的方法反覆刺繡，可參考圖示數字。

❻

在圓心處附近刺出繡針。

❼

在刺繡的交岔點以對角方向刺入中心點附近，使其固定。

★ Tip 此步驟若使用不同顏色的繡線，則另有風味。

❽

完成！

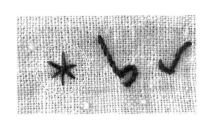

米字繡的應用範例

× 法式結粒繡 French knot stitch

這是具代表性的結粒繡技法，矮胖渾圓又可愛的形狀極有魅力。

由繡布下方將繡針朝上出針後，一手握住繡線，一手則握針抵住繡線。

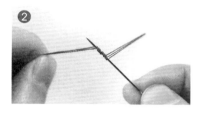

將繡線纏繞於繡針上2~3圈。
★ Tip 繡線只要纏繞2~3次即可，如果想要繡出更大的線結，可增加繡線的股數。

一手仍維持握住繡線，另將繡針由出針處附近入針。

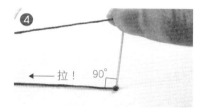

將繡針垂直豎起，另一手拉緊繡線，直到繡針底部出現線結。

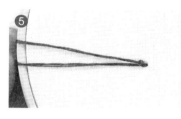

用單手稍微拉緊繡線，小心地由背面將繡針抽出。

完成！

法式結粒繡的應用範例

× 緞面繡 Satin stitch

這是填滿平面最具代表性的刺繡技法。若在開始繡之前,先在圖案上進行刺繡後,在其上面再覆蓋緞面繡、就會出現飽滿的立體感,這就稱為包芯緞面繡(Padded satin stitch)。

❶ 與其從邊緣開始進行繡,不如將平面分開填補才能繡得更美觀。請適當地將預計填滿的平面分割為2~3等分。

★ Tip 若面積較小,不刻意分割也無妨。

❷ 由平面的中心開始(或者分界線處),以直線繡繡下一針腳。

❸ 持續以直線繡填滿平面,留意與第一個針腳維持平行。

★ Tip 像這樣先填滿半邊,再填滿另一側,成品會更美觀。

背面

❹ 若一側都已填滿的話,將繡針穿過刺繡的後方,往另一側移動。

❺ 從一開始第一個針腳的中心線(或分界線)開始填滿剩餘部分即完成!

緞面繡的應用範例

包芯緞面繡的應用範例

× **裂線繡** Split stitch

裂線（Split）顧名思義有著「切割、撕裂」的意思，是將先繡好的針腳從中出針的刺繡技法。繡出線條或平面時都被廣泛應用。

首先，依據設定的長度繡出一個針腳。

★ Tip 此處為幫助讀者理解，使用不同顏色的繡線，但使用同色繡線或用單股繡線刺繡都無妨。

接著由針腳的中心點處出針，此時自然繡針就會分裂或穿透第一個針腳。

將線拉直，確認針腳有分裂形狀後，再繡下一針腳。

重覆相同的步驟，分裂（或穿透）前一個針腳，持續刺繡。

準備收尾時，如鎖鏈繡一般，在尾端外側入針收尾。

完成！

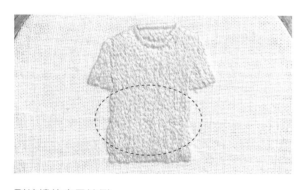

裂線繡的應用範例

× **長短針繡** Long & short stitch

一如其名，這是由長針腳與短針腳交叉刺繡，填滿平面的技法。可預先分割面積後再刺繡填滿。

❶

在預計填滿的面積最左側邊緣，繡下一個長的針腳。

❷

緊貼在長針腳旁邊，繡下一個較短的針腳。

❸

將長短針腳反覆交錯刺繡，完成第一階段。

❹

如圖所示，第二階段時在短針腳上方繡上長針腳。

❺

第二階段完成！

❻

最後一階段也如第一階段一樣，反覆長短針腳填滿剩餘面積即完成！

★ **Tip** 隨圖案的形狀不同，針腳的長度也可能不同，請考慮下方與上方的寬度，適當調整吧。

長短針繡的應用範例

× 釘格線架繡 Couched trellis stitch

格架（trellis）即是格子的意思，使用釘線繡繡出格狀模樣填滿大面積的方法，非常有效率。

1

維持固定的間隔距離，垂直地以直線繡先固定。

2

以步驟1相同的間隔，這次改為使用橫向的直線繡，做出格狀模樣。

3

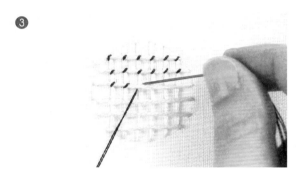

在每一個豎線與橫線的交叉點，再利用另一條線的直線繡進行固定。

★Tip 視情況，亦可以使用十字繡（Cross stitch）固定。

4

完成！

釘格線架繡的應用範例

× 環眼繡 Ring stitch

這是製作出圈狀立體線結的技法，比起製作單個線結，用於填滿平面時更有魅力。

❶

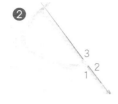

由1號處出針，製作出圓形環狀於繡布上。
★ Tip 為了方便識別，先在繡布上畫出圖形。

❷

將繡針從1號旁的2號處入針、再由3號出針。
★ Tip 穿出的繡針維持在布面的繡線上方。

❸

慢慢地拉出繡針，就能確認繡線出現圓形環狀。

❹

拉到希望的大小後停住，將繡針於4號處入針收尾即完成！

× 嵌花繡 Appliqué

這是指在基本布料上繡上另一塊布料或是毛氈布等，將兩片布組合的技法。可使用直線繡、毛邊繡、釘線繡等多樣的方法進行嵌花刺繡。本書中主要使用直線繡進行嵌花繡。

❶

在底部上放置另一片的布料。
★ Tip 視情況，有時也會利用接著劑等黏著布料。

❷

從邊緣開始以一定的間隔，用直線繡進行固定。
★ Tip 請讓針腳維持水平或垂直等固定的形狀。

❸

重覆相同的方法固定後收尾，完成！

環眼繡的應用範例

嵌花繡的應用範例

× 立體結粒繡 Drizzle stitch

繡出直立的立體形狀。常用於葉片與花瓣。

❶ 將繡針穿過繡布後,將繡線從針孔中抽出來。

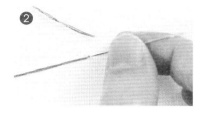

❷ 將繡針緊貼起始點後入針。

❸ 將繡線扭轉一圈,製作出線圈。

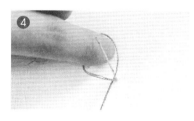

❹ 將線圈圈在繡針上。

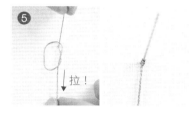

❺ 拉緊繡線使其縮小線圈,使線圈縮緊在繡針底部。

❻ 重覆3~5的步驟,慢慢地製作出需要的線結數。

❼ 再次將繡線穿過繡針針孔。

❽ 一手緊握住線結部分,另一手將繡針從繡布下方拉出。

❾ 完成!

立體結粒繡的應用範例

× **開放式繞線蛛網繡** Open whipped spider web stitch

在以直線繡繡出的基準線上，用另一條繡線纏繞。又被稱作輪狀立體繡（Wheel stitch）。

❶

先以直線繡繡出主線。

❷

從最靠右的主線下端左側出針。

❸

將繡針同時穿過右側第一根與第二根主線下方。

★ Tip 需留意不要將針穿過布！為幫助辨識，此處使用不同顏色的繡線。

❹

將繡線拉到底，確認繡線包裹在第一根主線上。

★ Tip 若是太過用力拉扯，主線會彎折喔！請注意適當拉直，使主線不致彎折。

❺

這次則將繡針同時穿過第二根與第三根主線下方。

❻

持續用同樣的方法穿繞繡針，使繡線纏繞在主線上。

❼

過程中，不時以繡針整理繡線的形狀。

❽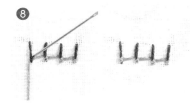

結束需要繼續纏繞的主線時，將繡針於最後一根主線的右側入針，將第一階段收尾。

❾

重複2~8的步驟，一步一步、用同樣方式刺繡，直到所有的主線都被包裹看不見即完成！

開放式繞線蛛網繡的應用範例

× **織物繡** Woven filling stitch

這是具有編織感、特別有趣的刺繡技法，用於填補大面積。

❶

如圖所示，依照適當的距離以直線繡先繡出主架構。

❷
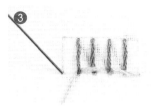
此時要開始繡橫線部分。依所需位置出針，如圖將繡針以上下交錯方式穿過繡線。
★ Tip 不可刺穿繡布，繡針在針腳與針腳之間穿過即可。

❸

在底端相同的高度入針。

❹

第一階段完成！

❺
第二段略上方處出針，再次以上、下交互穿過垂直的方式，使繡線與第一階段呈現交錯的型態，最後將第二階段收尾。

❻

過程中需不時以繡針的末端修飾形狀，使圖形填補完成後更美觀。

❼

反覆填滿面積即完成！

織物繡的應用範例

× 蛛網玫瑰繡的變形 Woven spider web stitch arrange

以奇數的直線繡當作主線，進行有如編織般的繞線刺繡。進行編織用的繡線裁剪時需預留足夠的長度喔。

以直線繡、放射狀地製作出奇數條的主線。主線必須是奇數，繡線才能夠維持上、下交替刺繡。

在接近中心位置出針。

將繡針以上、下交替穿過主線，此步驟需留意不可刺破繡布。

在每個主線上，以上、下交互地穿繞一圈後，呈現繞線的模樣。

將繡線拉緊使其縮緊後，再繼續上、下交替穿繞繡針。

繞到中段的樣子，看起來像編織好的形狀。

到中段都已繡滿的話，可在每個主線與主線的間隔之間，以直線繡增加主線量。

★ Tip 在主線之間再追加的部分需注意仍要維持主線為奇數，才能進行上、下的繞線。

繼續用相同的方式編織，直到主線剩餘的部分看不見為止，填滿整個面積。

在最後方入針，將基底收尾。

另剪裁一段長的繡線穿上繡針，在主線與主線之間穿過繡針，進行毛邊繡。在主線下下針後，先確定繡線位於繡針下方後，再拉出繡針，此時也需注意不要刺破繡布！

這是繡下一個針腳的模樣。

★ Tip 進行毛邊繡的時候，如果用力拉緊繡線的話，會有緊密的感覺，若是鬆鬆地輕拉，感覺會更自然。

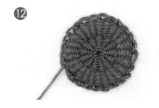 

繼續在每個主線上進行毛邊繡，這是完成一層後的模樣。

從下一個階段開始，利用第一層繡線的眼進行毛邊繡，同樣留意不要刺穿繡布。

依照想要的高度完成毛邊繡之後，在基底上入針收尾。

★ Tip 製作籮筐的時候約兩層毛邊繡，製作籃子的時候製作5~6層毛邊繡。

完成！

蛛網玫瑰繡的變形應用範例

× 斯麥納繡（土耳其結粒繡） Smyrna stitch

據聞斯麥納（Smyrna）是土耳其某個地方都市的舊名。它能夠繡出如絨毛地毯般質感的線眼，在繡線條或平面時都能使用。又被稱為土耳其絨毛繡（Turkey rug knot stitch）或是吉奧提斯結繡（Ghiordes knot stitch）。

❶ 在繡線尚未打結的狀態下，從繡布的正面開始刺繡。在與起始約有半針腳距離的1號處入針，留下所需的繡線長度。

❷ 用拇指握住預留的繡線，在這狀態下在左側半針腳距離的2號（起始點）處出針。

❸ 在1號右側約半針腳距離的3號處入針。

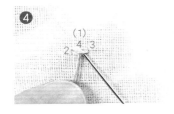

❹ 再次往左側半針腳距離的4號處（與1號位置相同）出針。進行這步驟時請讓繡針從橫向的針腳下側穿出。

❺ 這是繡好一個針腳的模樣。

❻ 在與4號距離一個針腳長度的5號處入針，注意需留下繡線、製作出線眼。

❼ 再次往左側返回半針腳的6號處出針，並在7號處再入針。
★ Tip 需留意如果太用力拉緊繡線，則線眼就會消失，可利用拇指按住固定較好。

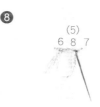

❽ 在8號處（與5號位置相同）再次出針。

❾ 這是繡好兩個針腳的模樣。持續重覆6~8的步驟，如果預定會將線眼剪開，那麼線眼的大小稍微參差不齊也沒關係，如果不會剪開的話，就需固定大小。

⑩

準備收尾時，請留下與旁邊的線眼等長的線尾後剪裁。這是繡完一層的模樣，如不需要填滿平面的話，這樣就已經是完成狀態了。按照需求剪開線眼即可。

⑪

第2層
第1層

如需填滿平面，則在繡好的第一層上方繼續刺繡，繡線才不會互相糾纏。

⑫

這是繡完第二層的模樣。

⑬

所需的平面都填滿就完成！這是尚未剪開線眼的模樣。

⑭

將所有線眼都剪開後，再修剪長度。

★ Tip 可利用細梳或繡針刷過短毛，能製造出蓬鬆的感覺。

⑮

修剪尾端完成！

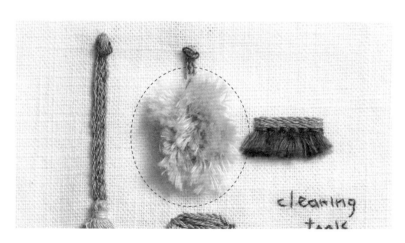

斯麥納繡的應用範例

× **盤線扣眼繡** Corded buttonhole stitch

這種刺繡中央會有橫向的繩索（Cord）線，因而被稱做盤線扣眼繡。

❶

沿著主要圖案的邊框進行回針繡。這時請留意相對的兩側針腳數需相同。

❷

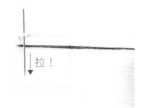

在左邊第一個直向針腳的下方出針。像是要進行毛邊繡一樣，在橫向針腳之間穿過繡針並拉直線。這個步驟請留意不可刺破布面，並維持繡線在繡針的下方。

❸

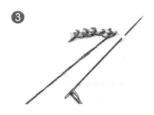

持續往旁邊進行步驟2。如第一層都完成之後，在右邊第一個直向針腳下方穿過繡針。

❹

如圖所示，向下移動一格針腳，並將繡針橫向穿過兩側邊線。此時會出現一條橫向的長線，這條線就被稱做「繩索」（Cord）。

❺

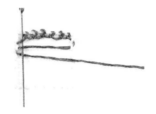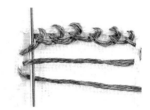

如圖所示，同時穿過上一層線眼與繩索（Cord）進行毛邊繡。同樣留意不可刺破繡布，並維持繡線在繡針的下方。

❻

這是完成第二層第一個針腳的模樣。

❼

重複進行步驟6，直到第二階段完成之後，在右側直向第二針腳下方穿過繡針。

❽

再次向下移動一格針腳，橫向穿過兩側邊線製作出繩索。

❾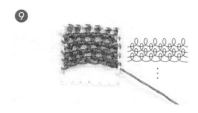

重覆進行步驟5~8，將布面填滿。
請參考圖示進行毛邊繡。
★ Tip 如圖，這是不讓繩索變得鬆弛
的刺繡方法。

❿

若是想要添加一些飽和感，可以
在繡完最後一層之前，將事先準
備好的填充材料（如棉花或羊毛
氈）適量放入其中。

⓫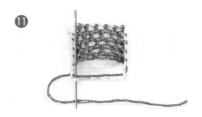

最後一階段，需要將上層的針
腳、繩索以及最下方的完結線（回
針繡）一起進行毛邊繡。

⓬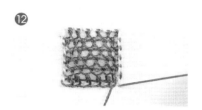

將最後一層完成刺繡後，在角落
下針收尾。

⓭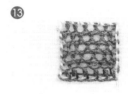

完成！

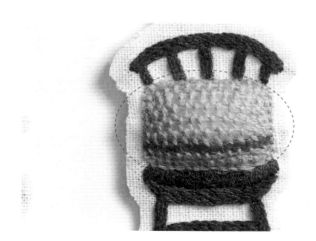

盤線扣眼繡的應用範例

× **錫蘭繡** Ceylon stitch

沿著主要圖案的輪廓線，進行一圈回針繡。

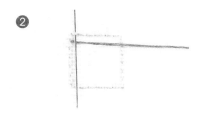

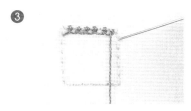

沿著主要圖案的輪廓線，進行一圈回針繡。

★ Tip 此處回針繡的上緣是必須的，但左右側及下緣可視情況所需，不一定需要刺繡。

在左側直向第一個針腳下方出針，像是進行毛邊繡一樣，在橫向第一個針腳間穿過繡針並拉平，這時需要留意不刺破繡布，並將繡線維持在繡針下方。

持續往旁邊進行步驟2。如第一層都完成之後，在右邊第一個直向針腳下方穿過繡針。

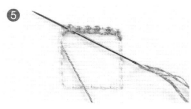

這是完成第一層的模樣。

在左側直向第二個針角下方穿過繡針並拉出繡線，如圖所示，並將上一層的線眼串起。

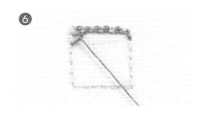

這是完成第二層一個針腳的模樣，在第一個線眼下方，就會延伸出第二層的繩結。

用相同的方法重複步驟5~6進行刺繡。每一層要收尾時，請參考步驟3。

下方如需固定的話，收尾的方法會略有不同。在最後一層左側、直向刺繡下方角落穿出繡針，並將線眼串起。

❾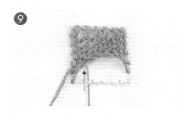

在下方的第二針腳之間穿過繡針。如圖所示，請由下往上穿過。

❿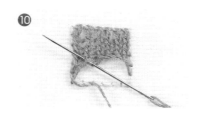

串起第二個線眼，重覆同樣的方法進行刺繡。

⓫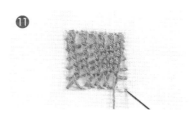

在右側下方角落下針收尾。

⓬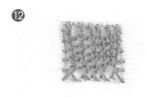

完成！

錫蘭繡的應用範例
（下方未進行固定的模樣）

× 串珠固定法 Seed beads&bugle beads

這是固定單個串珠、圓管珠或圓珠的技法。若是較大的串珠請固定兩次以上。

 ❶    ❷    ❸

從繡布下穿出繡針後，串上一個串珠。

★ Tip 請依照串珠的大小，調整線的股數與針號。

依照串珠的寬度在另一側位置垂直入針。

★ Tip 若是大而渾圓的圓珠，比起在正好的位置刺下繡針，應往內側一點下針。

完成！

× 亮片固定法 Spangle

依照亮片的大小，利用兩側或是 Y 字狀固定。

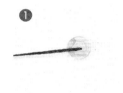 ❶    ❷   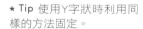 ❸    ❹

從繡布下方出針後，將亮片的正面（凹陷面）向上穿入。

在亮片外緣入針。

從亮片另一側外緣出針後，將繡針刺入亮片孔中。

★ Tip 使用Y字狀時利用同樣的方法固定。

完成！

串珠的應用範例

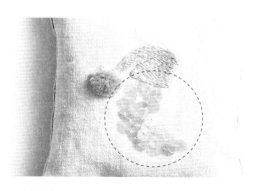

亮片的應用範例

× 包裹串珠 Wrapping beads

這是用繡線將串珠包裹（wrap）起來的技法。主要用來表現植物果實。

將穿好繡線的針穿過串珠，將串珠往後拉到線尾留下約10公分的位置。

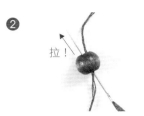

將繡針從串珠孔洞由下往上穿過後，將繡線上下拉直。

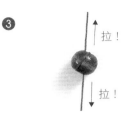

可以看見珠子被繡線覆蓋住的模樣。

重複同樣的步驟，直到串珠表面看不見為止。

★ Tip 緩緩轉動串珠並慢慢覆蓋表面。

若是串珠表面都已完整覆蓋，最後將繡針穿過孔洞，讓繡線回到同一側。可以利用這段繡線將珠子固定於繡布上。完成！

包裹串珠的應用範例

Lettering Class
Alors 的文字刺繡

文字刺繡既不需要繁瑣龐大的圖樣，也不需要艱難的技法。
只需刺繡的小物品、非常短暫的時間、以及繡線及繡針就行了。
文字刺繡，能讓你的日常變得有些許特別和些許不一樣。
這裡就來介紹我經常使用的技法，並展示多樣的應用範例。

字樣刺繡主要使用的技法

輪廓繡（Outline Stitch）（→參考第32頁）
這是表現曲線或線條時主要使用的技法，也是我做文字刺繡時最常使用的技巧。因為繡線會出現重疊的型態，若是想要表現鋒利的感覺，請使用較少量的線縷。

緞面繡（Satin Stitch）（→參考第38頁）
想要強調出重點，或是需要粗體字樣的時候主要使用的技法。若是區分筆畫再慢慢填滿，可以更方便刺繡。雖然緞面繡填補空白的工作比較辛苦、無趣，但確實能表現出重點。

回針繡（Back Stitch）（→參考第28頁）
這是表現較細小的字體時主要使用的技法。因為技巧單純，即便是新手也能輕鬆上手，若想簡便地繡出字體是最好的選擇。

鎖鏈繡（Chain Stitch）（→參考第30頁）
想要表現出較為獨特的字體時使用的技法。若想表現出有些厚度、厚實的筆跡時，用這個技巧如填滿字樣似的去刺繡是最好的。

釘線繡（Couching Stitch）（→參考第33頁）
若要選擇兩個好看的配色，這是最合適的技法，配合要刺繡的作品選擇不同的繡線，感覺也會截然不同。在手帕或是餐墊上選擇簡單的色彩組合，看起來會相當高級；在孩子們的衣服或背包上選擇華麗的配色，則看起來更活潑出彩。

Alors的文字刺繡作品

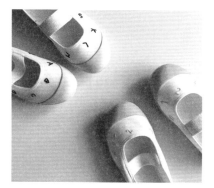

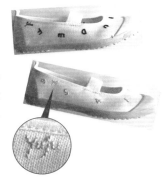

人說萬事起頭難，孩子們第一次上學時，為了全新的開始，媽媽總是帶著祈願的心情、盼望每件事都能一步一步、慢慢地走上軌道，一針一線地在孩子的室內拖鞋上繡上數字、文字與孩子的名字。

數字&文字：鎖鏈繡
姓名：回針繡

這是用刺繡去表現孩子們年幼時書寫、歪七扭八的字體，製作而成的畫框。孩子的塗鴉或繪畫本身就是相當討喜的圖案。這一刻，我覺得選擇這個圖案來刺繡真是選對了。

字體：鎖鏈繡

這是為了孩子與寵物核桃的生日，用一個色彩繡出文句、製作成生日餐墊。雖然是很簡單的餐墊，但卻是一起共度每年生日的小物。

字體：輪廓繡
核桃的臉：環眼繡（Ring stitch）

我曾經在茶墊上，用各種技法與喜愛的配色，繡上我平時喜歡的文句，送給知心好友當作禮物。一邊想著收禮的人、一邊享受刺繡的時光吧。

字體：輪廓繡、釘線繡、法式結粒繡、回針繡

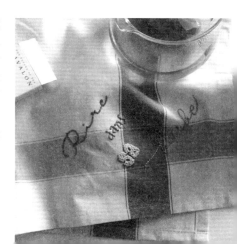

Alors 的色彩選擇

因為刺繡線的色彩非常多樣，為了如何配色才好而苦惱的人們，當然不在少數。

比起鮮亮而華麗的顏色，我主要使用每天看也不感厭倦的色彩。

此處介紹我主要使用的繡線顏色，與最天作之合的搭檔配色選擇。

DMC 25號繡線原色，淺米色（ECRU）

我最喜歡的顏色，只要講到 Alors 就立刻聯想到的顏色，就是原色。

在白色的繡布上，用溫暖如象牙般的 ECRU 刺繡時，乾淨又沉穩的感覺相當美好。

書中的棉布 T 以及襪子（第89頁），都選用原色製作，彷彿能表現出剛剛洗淨的雪白、清新感覺。

＋搭配色 DMC 25號綿線 310

這是和原色一樣屬於基本色的黑色。這是當我想要製作有如鉛筆筆繪一般、自然地素描似的刺繡作品時，主要就只使用黑色單一色彩去製作。若是在原色為主的作品上，利用黑色稍微點綴上文字圖樣，就能製作出簡單又俐落的重點，是經常使用的組合。

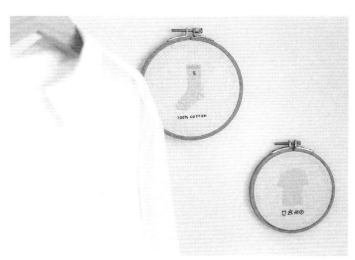

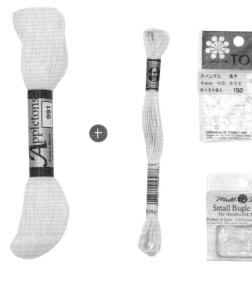

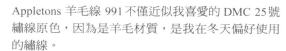

Appletons 羊毛線 991 不僅近似我喜愛的 DMC 25號繡線原色，因為是羊毛材質，是我在冬天偏好使用的繡線。

本書中的襪子刺繡（第89頁），若是使用 Appletons 羊毛線991來製作的話，雖然是同樣的圖案，但因為質感更加溫暖和煦，就能完成適合冬日的羊毛襪，請一定要嘗試刺繡看看。

十 搭配色 DMC 25號繡線原色以及串珠、亮片

Alors 刺繡教學中，立體刺繡的範例就是以 DMC 25號繡線原色與 Appletons 羊毛線 991為主搭配使用。串珠、亮片等雖然也同樣選用本色，但多虧了質感多樣的繡線和材料，可以表現出俐落卻不粗糙的感覺。

DMC 25號繡線 939

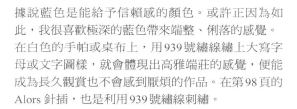

據說藍色是能給予信賴感的顏色。或許正因為如此,我很喜歡極深的藍色帶來端整、俐落的感覺。在白色的手帕或桌布上,用939號繡線繡上大寫字母或文字圖樣,就會體現出高雅端莊的感覺,便能成為長久觀賞也不會感到厭煩的作品。在第98頁的Alors針插,也是利用939號繡線刺繡。

十 搭配色 DMC 25號繡線453

最適合與藍色搭配的最佳搭檔當然是灰色! Alors 教學過程中,基礎的示範也使用了939號繡線搭配453號的淺灰色,完成了時尚卻洗鍊的示範作品。淺灰色,就有如帶有高級光澤感的銀色澤,不是嗎?

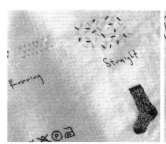 

DMC 25號繡線 833

Alors 教學之中,基礎的範例多少較為單純,中級的教學便希望添加一些華麗的氛圍,因此找到了這個顏色。稍微帶點金色光澤的833號繡線無論和任何顏色搭配,似乎都能夠改變質感。

十 搭配色 DMC 25號繡線 648

帶有淺淺銀色光澤的648號刺繡線,與833號繡線可說是天作之合。兩個顏色的組合是如此高尚且優雅。在第171頁的立燈,雖然用近似833號的3046號取代,但與648號的搭配似乎也很合適。

DMC 25號繡線 347	DMC 金屬線 Diamant

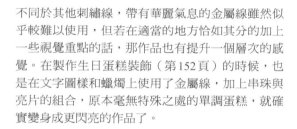

不會太過花俏、又帶有溫暖調性的紅色,是既適合單獨刺繡、也可以在其他作品上添加視覺重點的繡線。在第122頁的椅墊上,利用紅色做為視覺重點,一旁的馬克杯則做為重點顏色來使用,玻璃杯罩的標籤(第140頁)則單獨使用了紅色來刺繡。若是需要繡上細小的文字圖案時,也非常推薦使用。

不同於其他刺繡線,帶有華麗氣息的金屬線雖然似乎較難以使用,但若在適當的地方恰如其分的加上一些視覺重點的話,那作品也有提升一個層次的感覺。在製作生日蛋糕裝飾(第152頁)的時候,也是在文字圖樣和蠟燭上使用了金屬線,加上串珠與亮片的組合,原本毫無特殊之處的單調蛋糕,就確實變身成更閃亮的作品了。

✦ intro

• 介紹本書中收錄作品所使用28種的基礎刺繡技法。
• 從簡單的技法開始，到立體、串珠等，逐漸提高刺繡難度。
• 就像進行一對一的教學課程一般，收錄了詳細的步驟圖，讀者更易理解。
• 請務必仔細觀察將技法實際應用於作品中的「應用範例」。

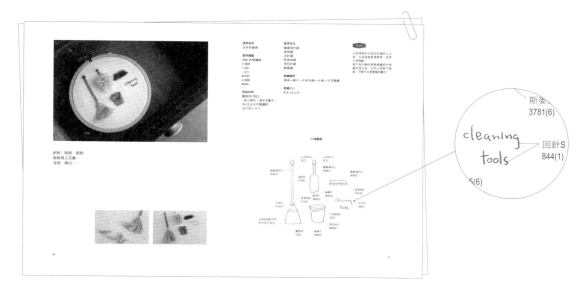

・標示各作品中使用的布料與繡線，此外也標示材料、技法。

・基本上繡線選擇使用 DMC 25 號繡線，若有選擇他牌繡線，則另行標註。

・基本上提供並收錄100% 等比例的圖樣，部分縮小收錄的圖樣則會另行標註。

・若對於刺繡的步驟需要說明的情況，則刊載在步驟圖。

・Special 環節中，收錄有各種小物的製作方法。

・圖案上的標註事項請參考下述。

〔範例〕 －回 S 349(2) →用2股 DMC 25號349號繡線進行回針繡。

　　　　　－鎖鏈 S AP 445(1) →用1股 Appletions 羊毛線445號線進行鎖鏈繡。

　　　　　－繞線鎖鏈 S 8011(6)、3862(6) →用6股8011號繡線進行鎖鏈繡之後，再以6股3862號繡線纏繞。

　　　　　－裂線 S 434(2) + 3863(1) →用2股434號繡線和1股3863號繡線，合為一股進行裂線繡。

　　　　　－法式結粒 S 3895(3)×2次纏繞→用3股3895號繡線在針上纏繞2次，進行法式結粒繡。

　　　　　－嵌花－直線 S 168(1) →用1股168號繡線，並應用直線繡進行嵌花刺繡。

　　　　　－直線 S 739(6) 後緞面 S 739(2) →用6股739號繡線進行直線繡之後，在其上用2股739號繡線進行緞面繡。

　　　　　－圓管珠00161／60161 →用圓管珠00161與60161均勻混合固定。

　　　　　－「、」是指兩種以上的繡線依序應用的狀況，「+」則是兩種以上的繡線混合、合併為一股一起使用的情形，「／」則意指兩種以上不同顏色的繡線，或是各種串珠均勻混合使用的情況。

coffee

Chapter 1

一日之計
在於晨

雖然早晨總是匆匆忙忙，
但在這之中，也不失去獨屬於我的步調。

07:52 am　#早晨，由刷牙開始

牙刷漱口杯

和大家都一樣，
在早晨一睜開眼最首先要做的事，
就是刷個3分鐘的牙。

選用布料

白色有機棉

選用繡線

DMC 25 號繡線
○ BLANC
● 03
● 04

其他材料

10~12公分木製繡框

使用技法

輪廓繡
輪廓填色繡
斯麥納繡
回針繡

刺繡順序

牙刷手把→刷毛→杯子→文字圖樣

刺繡大小

約6×8公分

Point

斯麥納繡的針腳間隔需要緊緻
細密，牙刷的刷毛才能表現得
更茂盛。

牙刷漱口杯圖案

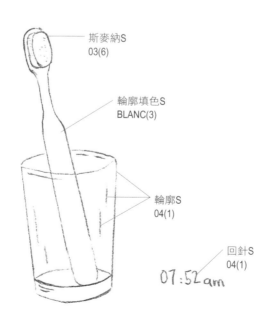

斯麥納S
03(6)

輪廓填色S
BLANC(3)

輪廓S
04(1)

回針S
04(1)

07:52am

將圖案轉印到繡布上。

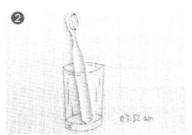

首先在牙刷邊線上進行輪廓繡，
曲線部分需要縮小針腳的寬度，
細細地刺繡才更美觀。

從牙刷手把的外圍開始往內側，
像畫圓一般以輪廓填色繡填滿。

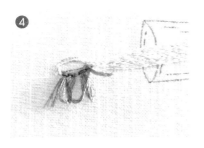

刷毛從下緣部分開始，使用斯麥
納繡。
★ Tip 將針腳的間隔縮小，繡出多一點
的線圈，這樣剪開線圈時刷毛才會更
豐富。

下一層要緊接在第一層的上方開
始刺繡。重複進行斯麥納繡，將
平面細密填滿。

用剪刀剪開線圈，修剪成適當的
長度。

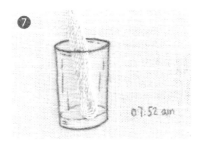

漱口杯用輪廓繡繡出外緣。

用回針繡將文字圖樣部分繡完收
尾。

繡框畫的製作方法

刺繡的時候,可實用地將繡框當作畫框來使用。
刺繡畫框是在刺繡完成之後,最容易製作的實用小物了。

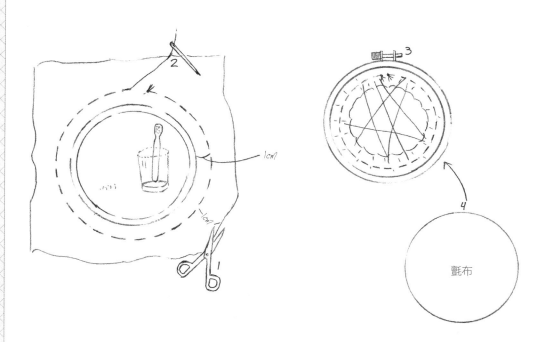

1. 完成刺繡後,將繡框外緣的繡布
預留1~2公分布邊後裁剪下來。

2. 將繡針穿上繡線,沿著布邊進行
一圈平針繡。

3. 拉緊繡線讓繡布集中,在其中用Z字
形縮縫之後,再打結完成。

4. 將氈布貼在繡布背面,可掩蓋住不
美觀的部分,會更簡潔俐落。

早午餐文字圖樣

一杯暖心咖啡，
剛出爐的麵包和甜蜜的果醬……
開始一日的早晨時光，就該悠哉從容

選用布料
格紋亞麻布（60×43公分）

選用繡線
DMC 25 號繡線
[早午餐文字字樣] ● 3799
[飲茶時間文字字樣] ● 939

使用技法
[早午餐文字字樣]
輪廓繡
平針繡
米字繡
法式結粒繡

[飲茶時間文字字樣]
輪廓繡
回針繡
法式結粒繡
直線繡

刺繡大小
各文字字樣約 7~14×4~6
公分

將字樣放在準備好的織物上。

早午餐文字字樣
等比縮小 70% 的圖案，
請放大 143% 後複印使用。

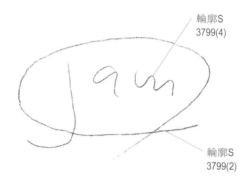

輪廓S
3799(4)

輪廓S
3799(2)

輪廓S
3799(4)

輪廓S
3799(4)

平針S
3799(4)

輪廓S
3799(4)

法式結粒
3799(4)×2次纏繞

米字S
3799(4)

輪廓S
3799(4)

平針S 3799(3)

法式結粒
3799(6)×2次纏繞

輪廓S
3799(4)

飲茶時間文字字樣
等比縮小 70% 的圖案，
請放大 143% 後複印使用。

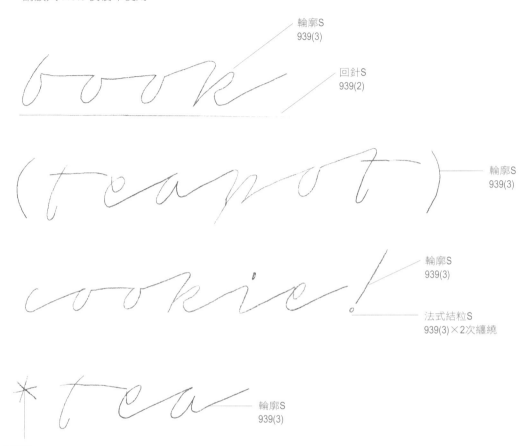

輪廓S
939(3)

回針S
939(2)

輪廓S
939(3)

輪廓S
939(3)

法式結粒S
939(3)×2次纏繞

輪廓S
939(3)

直線S
939(3)
*每條線條分別刺繡

一邊閱讀、一邊品飲馨香茗茶時，
若是有桌墊相伴，
似乎也更顯從容。

飲茶時間文字圖樣

cleaning
tools

laundry tools

CLEAN

SOAP

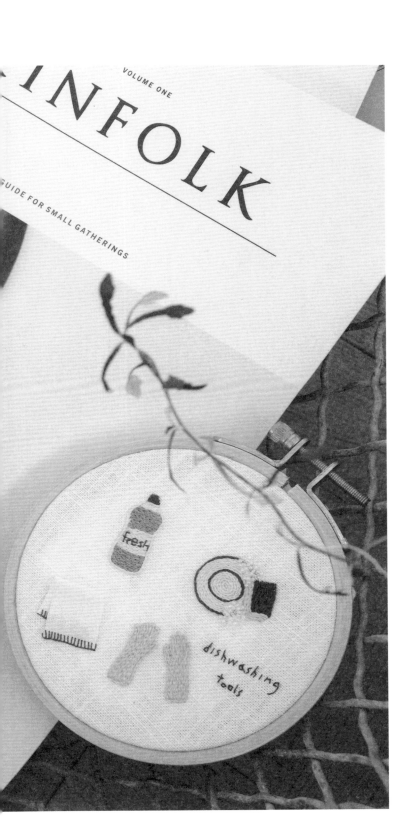

○9:48 am

#豐富家中的畫作

將抹布用水煮滾，
將洗得晶瑩的碗碟在陽光下消毒，
用抹布將地板擦得晶亮⋯⋯
我喜歡有點費事、需要親力親為的
家務事。

洗碗

在充滿清淨氣息的廚房，
好好繫上圍裙，
心情也莫名明亮起來。

選用布料
白色有機棉

選用繡線
DMC 25 號繡線
○ ECRU
● 703
● 349
● 3818
○ 726
● 844

其他材料
串珠 40161- 水晶（直徑約 2 釐米）
透明線
水溶性轉繡布
亞麻布料碎布
10~12 公分木製繡框

使用技法
輪廓繡
裂線繡
緞面繡
回針繡
輪廓填色繡
串珠
嵌花繡－毛邊繡

刺繡順序
廚房清潔劑→碗盤→橡膠手套→文字圖樣

刺繡大小
約 8×8 公分

Point

如果用串珠表現碗盤上的泡沫，可讓串珠彼此密集重疊縫繡，營造更豐富的感覺。

洗碗圖樣

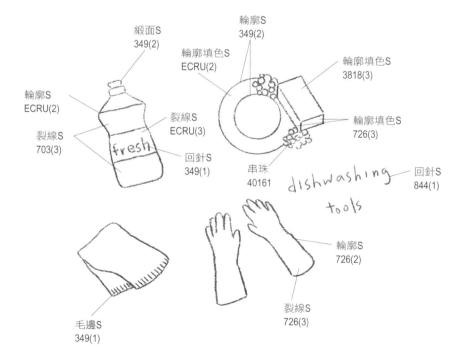

緞面S
349(2)

輪廓S
349(2)

輪廓填色S
ECRU(2)

輪廓填色S
3818(3)

輪廓S
ECRU(2)

裂線S
ECRU(3)

輪廓填色S
726(3)

裂線S
703(3)

回針S
349(1)

串珠
40161

dishwashing
tools

回針S
844(1)

輪廓S
726(2)

裂線S
726(3)

毛邊S
349(1)

①

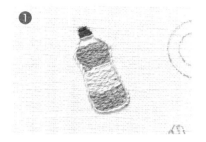

將圖案轉繪至繡布上之後，用輪廓繡繡出廚房清潔劑的瓶身，內部則用橫線條的裂線繡去填滿，用緞面繡完成瓶蓋部分。

②

在水溶性轉繡布上謄寫好字樣，再將要刺繡的繡布繃好後，用回針繡繡上文字。

★ **Tip** 在全部刺繡完之後，就可溶解掉水溶性轉繡布。

③

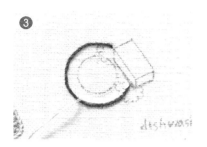

餐盤部分，用輪廓繡繡外圍部分。因為整體都會是曲線的關係，針腳間隔請不要留得太寬。

④

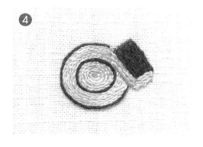

用輪廓填色繡繡出菜瓜布。

⑤

在菜瓜布的兩側，繡上足量的串珠表現出豐富的肥皂泡。

⑥

用輪廓繡繡出橡皮手套的輪廓線之後，兩側請以直向裂線繡細密的填滿。

⑦

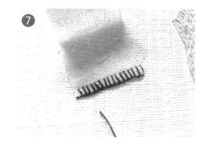

將亞麻布繡布剪成2×4公分大小，在中間以同色的繡線繡上一針固定後，將抹布內側的下半部以毛邊繡固定於繡布上。

⑧

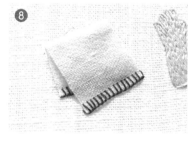

斜斜地將抹布對折後，用毛邊繡將剩餘的部分固定在繡布上。

⑨

用回針繡表現出字樣部分即完成！

打掃

刷刷、刷刷、刷刷
輕輕拂去灰塵，
清掃、擦拭……

選用布料
白色有機棉

選用繡線
DMC 25號繡線
● 3828
● 422
○ 613
● 3781
● 3895
● 844

其他材料
圓管珠 72023
- 深小麥色（長約6釐米）
10~12公分木製繡框
名片或小卡片

使用技法
輪廓填色繡
緞面繡
回針繡
斯麥納繡
長短針繡
輪廓繡

刺繡順序
掃帚→撢子→木柄毛刷→水桶→文字圖樣

刺繡大小
約8×8公分

Point

在將掃帚的毛固定於繡布上之
前，先用細梳梳理整齊，能更
方便刺繡。
撢子與毛刷的斯麥納繡部分刺
繡完成之後，也可以用梳子梳
刷，可製作出更豐富的層次。

打掃圖樣

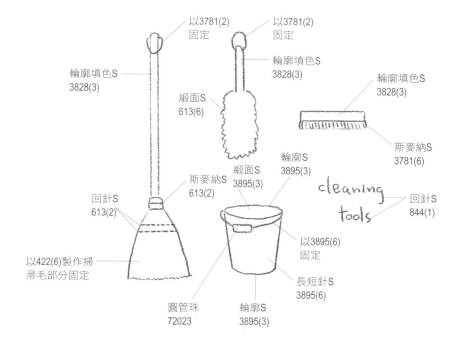

以3781(2)固定

以3781(2)固定

輪廓填色S 3828(3)

輪廓填色S 3828(3)

緞面S 613(6)

輪廓填色S 3828(3)

斯麥納S 3781(6)

輪廓S 3895(3)

緞面S 3895(3)

斯麥納S 613(2)

回針S 844(1)

cleaning tools

回針S 613(2)

以3895(6)固定

以422(6)製作掃帚毛部分固定

長短針S 3895(6)

圓管珠 72023

輪廓S 3895(3)

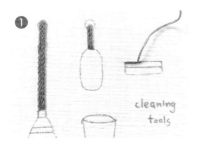

將圖案轉繪到繡布上之後，先用輪廓填色繡將掃帚柄、撢子和毛刷木柄部分填滿。

將繡線在名片（或小卡）上纏繞五圈左右。

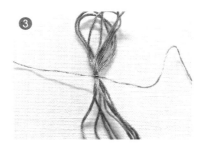

將纏繞好的繡線從名片（或小卡）上取下，用同色繡線2股在中段嚴密綁好固定。

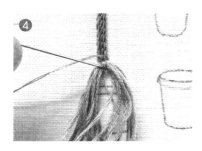

繩結部分朝內，將繡線對折，固定於掃帚柄的尾端。

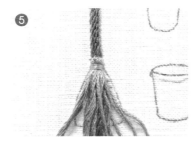

在掃帚毛的最上方，進行兩、三針腳的緞面繡嚴密固定。

將掃帚的帚毛下段修剪成合適的長度。

在掃帚毛上方繡上兩行回針繡。
★ Tip 將掃帚的帚毛部分梳順、均勻攤平，不僅更便於刺繡，也可以表現出掃帚的感覺。

在掃帚柄上端，取適當大小繡出鉤環並在後方做打結。再用同樣方法製作撢子的鉤環。

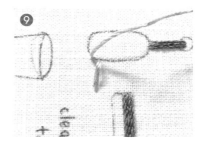

用斯麥納繡將撢子的刷毛部分填滿。分層後，從最下層開始一層層向上刺繡。

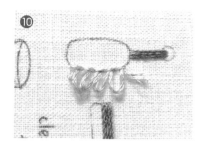

已完成第一層了。

用同樣的方法、一層層慢慢填滿剩餘的面積。

以斯麥納繡細密填滿後,用剪刀剪開線圈並修剪長度。

木柄毛刷同樣以斯麥納繡刺繡,從下方開始分兩層填滿之後剪開線圈,並梳理整齊。

以長短針繡填滿水桶。預先劃分好區塊再進行刺繡,會比較簡便。

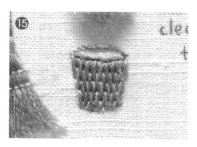

以輪廓繡繡出水桶的開口與輪廓部分。曲線部分縮小針腳長度,可以表現得更圓滑。

以細密的緞面繡填滿水桶的開口內側部分。

在水桶的左側刺出繡針,串上一個圓管珠後,以適當長度製作出手把。接著在水桶右側下針並於繡布後方打上繩結。

以回針繡刺好文字圖樣即完成!

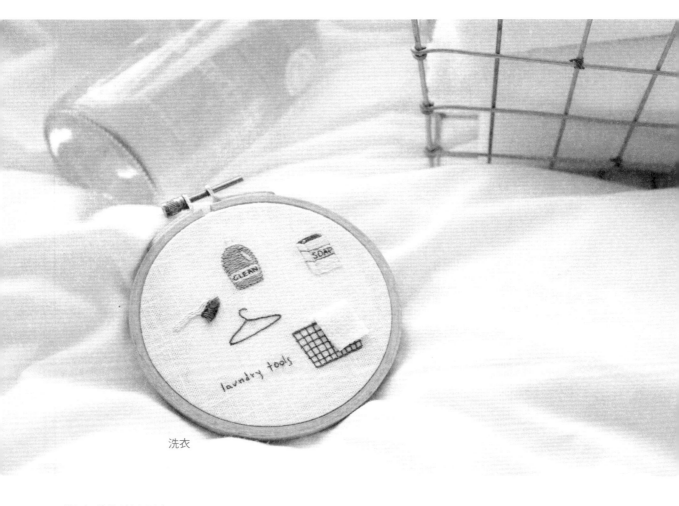

洗衣

陽光普照的早晨
今天
是適合洗衣的好日子

選用布料
白色有機棉

選用繡線
DMC 25號繡線
● 844
○ ECRU
● 597
● 3765

其他材料
水溶性轉繡布
毛巾布碎片
10~12公分木製繡框

使用技法
輪廓繡
釘格線架繡
輪廓填色繡
斯麥納繡
緞面繡
回針繡
嵌花繡－直線繡

刺繡順序
衣架→洗衣籃→洗衣刷→洗衣粉→
洗衣精→毛巾→文字圖樣

刺繡大小
約8×8公分

Point

在刺繡完成的部分上進行文字
刺繡的時候，記得用水溶性轉
繡布製作喔。

洗衣圖樣

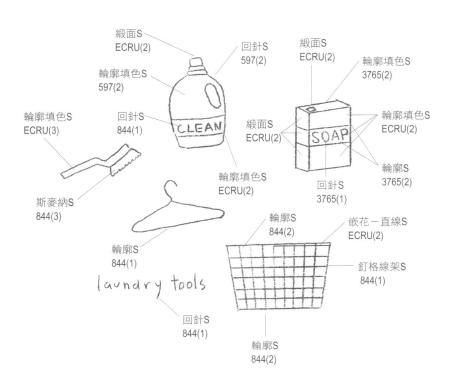

緞面S
ECRU(2)

輪廓填色S
597(2)

輪廓填色S
ECRU(3)

回針S
844(1)

回針S
597(2)

緞面S
ECRU(2)

輪廓填色S
3765(2)

緞面S
ECRU(2)

輪廓填色S
ECRU(2)

CLEAN

SOAP

輪廓填色S
ECRU(2)

回針S
3765(1)

輪廓S
3765(2)

斯麥納S
844(3)

輪廓S
844(1)

laundry tools

回針S
844(1)

輪廓S
844(2)

輪廓S
844(2)

嵌花－直線S
ECRU(2)

釘格線架S
844(1)

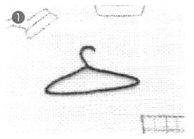

將圖案轉繪至繡布上之後,用輪廓繡完成衣架。

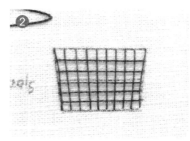

以直線繡繡好洗衣籃的直線部分,橫線除了最下方與最上方以外,也同樣用直線繡刺繡。

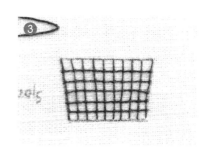

橫線與直線的交叉點,都用極短的直線繡一針固定。

以輪廓繡繡洗衣籃的最上方與最下方。

以輪廓填色繡填滿洗衣刷的把手部分,刷毛部分用兩層的斯麥納繡填滿後,剪開線圈並剪裁、整理刷毛。

用輪廓填色繡繡上洗衣粉盒的正面,側面則用緞面繡填滿。

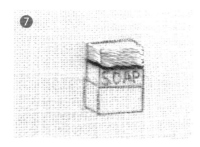

更換繡線顏色,將商標的邊緣部分以輪廓繡繡下一行線條。

洗衣粉盒剩餘的平面也用相同方法填補。

盒子上方也用輪廓填色繡填滿。

⑩ 用回針繡繡上洗衣精的外圍輪廓，內部則用輪廓填色繡，瓶蓋用緞面繡填補。

⑪ 在水溶性轉繡布轉繪上文字，固定好需要刺繡的部分後，分別用回針繡及緞面繡完成文字與瓶蓋部分。

⑫ 洗衣精也用相同的方法繡上文字。

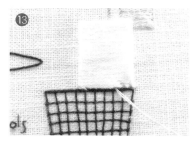

⑬ 剪裁好1.5×2公分大小的毛巾布，如同掛在洗衣籃邊緣一般，用直線繡固定。

⑭ 以回針繡繡上文字圖樣即完成！

T恤

11:22 am ♯偶爾也需手洗衣物

100% cotton

襪子

有如滲透進了陽光的氣息
蓬鬆、乾燥
潔白的衣物們

選用布料
白色有機棉

選用繡線
DMC 25 號繡線
○ ECRU
● 939

其他材料
10公分木製繡框

使用技法
緞面繡
裂線繡
回針繡
法式結粒繡

刺繡順序
衣領→衣服正面→衣袖→洗潔標示

刺繡大小
約5×7公分

Point

區分不同部位，用不同方法繡
上每個層次，能製作出更鮮明
的作品。
像衣服正面較寬闊的部分，畫
分好區塊，依據衣服層次刺
繡，成品會更加俐落均勻。

T恤圖樣

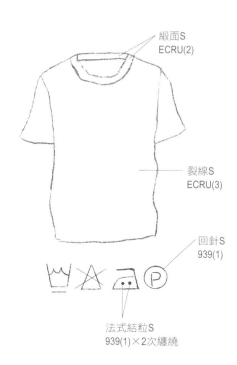

緞面S
ECRU(2)

裂線S
ECRU(3)

回針S
939(1)

法式結粒S
939(1)×2次纏繞

選用布料
白色有機棉

選用繡線
DMC 25 號繡線
○ ECRU
● 939

其他材料
10公分木製繡框

使用技法
開放式繞線蛛網繡
輪廓填色繡
緞面繡
回針繡
法式結粒繡

刺繡順序
襪口→襪子面料→腳趾部分→後腳跟→
文字圖樣

刺繡大小
約5×7公分

Point

填滿襪子面料部分的時候，
先劃分區塊再刺繡，整體來
說會更均勻俐落。

襪子圖樣

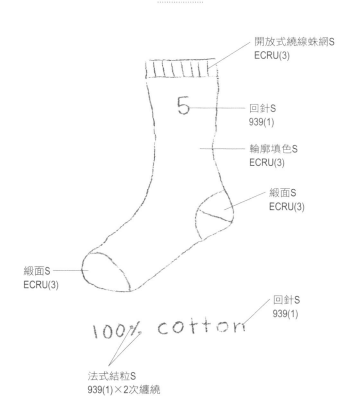

開放式繞線蛛網S
ECRU(3)

回針S
939(1)

輪廓填色S
ECRU(3)

緞面S
ECRU(3)

緞面S
ECRU(3)

回針S
939(1)

法式結粒S
939(1)×2次纏繞

忙碌躁動的
上午尾聲……

Chapter 2

專屬我的
獨處時光

· · ·

安靜地享受我喜好的工作
度過專屬於我的時間、我的時光。
要是時間能流逝地更慢些……

13:45 pm

#刺繡時間

結束刺繡課之後就能迎來，
專屬於我的刺繡時間。
慢慢繡下我喜愛的小物，
填滿我所愛的空間。

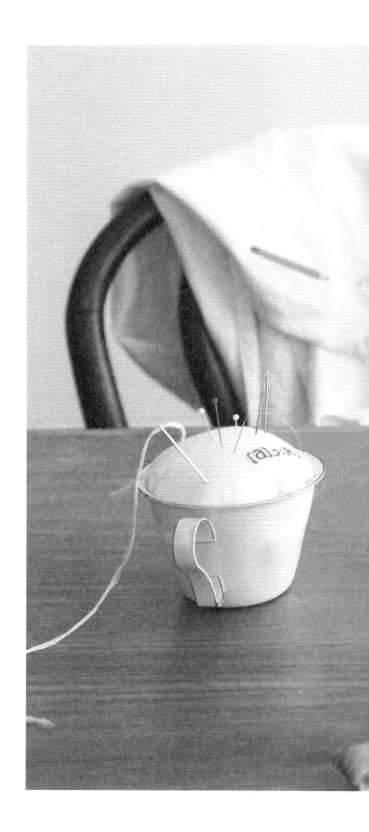

Alors針插

小花針插

數字針插

應用古典餅乾模具或雞蛋杯等等，
製作出Alors牌的針插，
在我上課時也是常用的必備小物。

選用布料
〔Alors〕白色有機棉
〔小花〕11CT 白色亞麻
〔數字〕格紋棉布

選用繡線
DMC 25 號繡線
〔Alors〕● 349 ● 939
〔小花〕● 648
〔數字〕● 3822 ● 3818

其他材料
針插框或玻璃杯
填充用棉花
熱溶膠槍
〔小花〕串珠 02060 －亮橘色（直徑約 2.5 釐米）
串珠 02059 －亮黃色（直徑約 2.5 釐米）

使用技法
〔Alors〕回針繡
〔小花〕輪廓繡
串珠
〔數字〕緞面繡

刺繡順序
〔小花〕莖→串珠

刺繡大小
〔Alors〕約 3×1 公分
〔小花〕約 6×3 公分
〔數字〕約 1×2 公分

Point

各圖案的圓形框線可不須描繪。
〔Alors〕嘗試著置換成自己想要的文字圖樣，製作你專屬的針插吧。
〔小花〕可串上更豐盛的串珠，或是改成其他色彩也不錯。
〔數字〕應用有格紋的布料，單純的圖案看起來也別有格調。

Alors針插圖樣

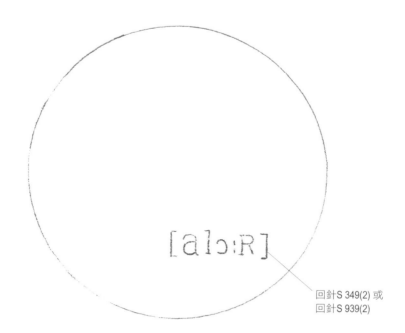

回針S 349(2) 或
回針S 939(2)

小花針插圖樣

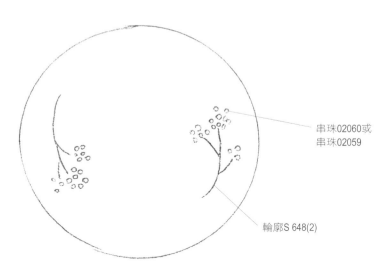

串珠02060或
串珠02059

輪廓S 648(2)

數字針插圖樣

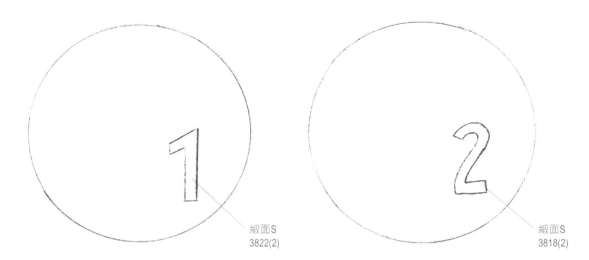

緞面S
3822(2)

緞面S
3818(2)

針插製作方法

在刺繡製作的小物當中，針插有著絕對的人氣。
是因為它製作簡便、又相當實用囉。

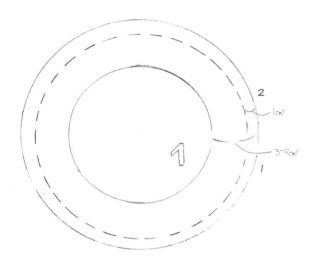

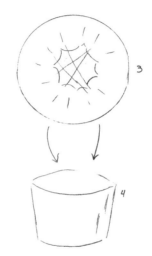

1. 以完成的刺繡為圓心，約間隔3~4公分畫下更大的圓並剪下。

2. 在距離外側約1公分左右的位置，圍繞圓圈繡下一圈平針繡並將其收緊。

3. 為製作出圓型模樣，在內部填充足量的棉花，並用Z字形收尾並打結收尾。

4. 利用熱熔槍，將針插固定在事先準備的模具或針框中即完成！

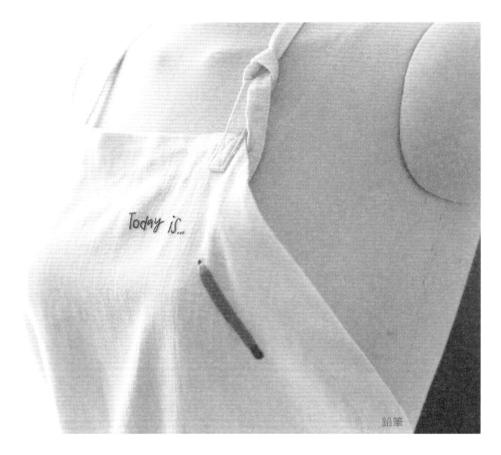

鉛筆

穿好工作服、開始刺繡，
不知為何，總覺得會加倍順利，
今天要來繡些什麼好呢？

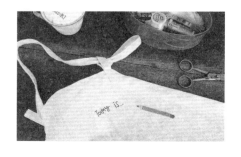

選用布料
白色亞麻圍裙

選用繡線
DMC 25 號繡線
● 844
● 738
● 3852
● 3884
● 3830

使用技法
輪廓填色繡
緞面繡
回針繡
法式結粒繡
直線繡

刺繡順序
鉛筆筆身部分→鉛筆擦子
→筆芯→文字圖樣

刺繡大小
約 12×8 公分

Point

在市面上很容易就能買到的圍裙上嘗試刺繡看看吧，它將化身為世上獨一無二、專屬你的小物。

鉛筆圖樣

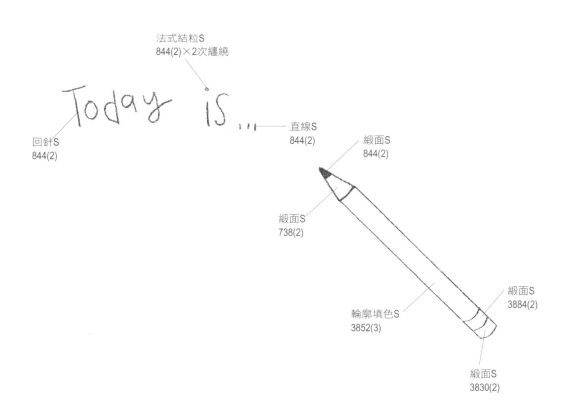

法式結粒S
844(2)×2次纏繞

回針S
844(2)

直線S
844(2)

緞面S
844(2)

緞面S
738(2)

輪廓填色S
3852(3)

緞面S
3884(2)

緞面S
3830(2)

時鐘、眼鏡、玻璃杯

椅子、毛衣、馬克杯

日常生活之中最觸手可得、最親切的生活用品們，
是我最喜歡刺繡的對象。
是不是看起來會特別不一樣。

選用布料
白色有機棉

選用繡線
DMC 25 號繡線
● 310

其他材料
相框

使用技法
輪廓繡
直線繡

刺繡大小
[時鐘、眼鏡、玻璃杯] 約
17×4公分
[椅子、毛衣、馬克杯] 約
15×6公分

Point

用單純的技法和單一顏色的刺
繡線，也能製作出簡單、時尚
又有品味的作品。

時鐘、眼鏡、玻璃杯圖樣

除額外標記的部分以外，皆為輪廓S 310(1)

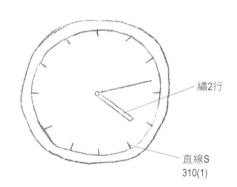

繡2行

直線S
310(1)

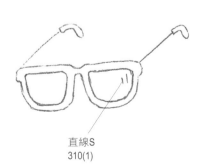

直線S
310(1)

椅子、毛衣、馬克杯圖樣

除額外標記的部分以外，皆為輪廓S 310(1)

直線S
310(1)

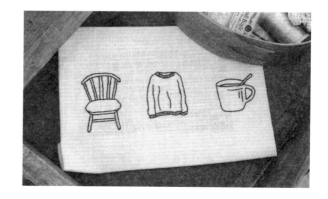

相框製作方法

不用刺繡框，而是將繡好的作品放進真正的相框中看看吧。
感覺會更像一幅完整的作品。

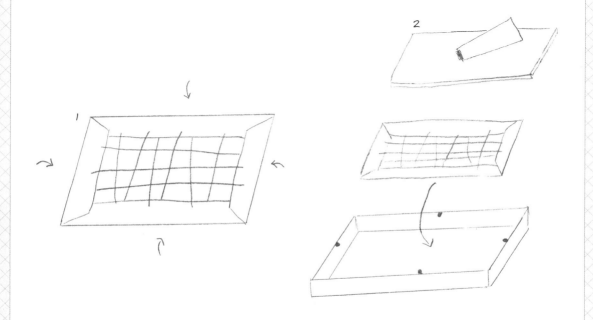

I. 比起預定使用的相框大小，將繡布留下約3~4公分的布邊剪裁下來，在相框背面將繡布摺好，如圖用Z字形縫合固定。

2. 將字繡作品放入相框、合上背板即完成！

14:26 pm

♯慵懶下午茶

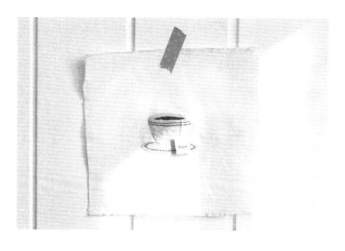

有時與三五好友、有時獨自享受下午茶時光。
今天要喝哪一款茶好呢？
是每天幸福的煩惱。

茶具

一盞茶遞上的安慰與溫度，
對茶道的態度與想法也漸趨深刻……

選用布料

11CT 白色亞麻

選用繡線

DMC 25 號繡線
● 3045
● 869
● 433
● 3053
○ ECRU

其他材料

單膠舖棉
熨斗

使用技法

織物繡
輪廓繡
法式結粒繡
直線繡
緞面繡
裂線繡

刺繡順序

籐籃→茶筅→茶匙→茶杯→茶壺

刺繡大小

約 17×3 公分

Point

使用填滿平面的刺繡技法時，
若做出每個區塊不同的層次方
向，則邊界會更清晰。
用單純的技法和單一顏色的刺
繡線，也能製作出簡單、時尚
又有品味的作品。

茶具圖樣

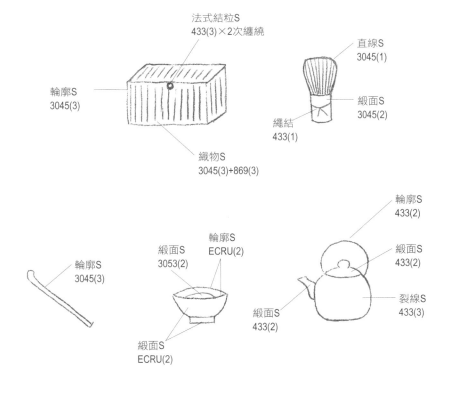

法式結粒S
433(3)×2次纏繞

輪廓S
3045(3)

織物S
3045(3)+869(3)

直線S
3045(1)

緞面S
3045(2)

繩結
433(1)

輪廓S
3045(3)

緞面S
3053(2)

輪廓S
ECRU(2)

緞面S
ECRU(2)

輪廓S
433(2)

緞面S
433(2)

緞面S
433(2)

裂線S
433(3)

茶壺保溫罩製作方法

茶壺保溫罩,是用以保護茶壺中的熱水不輕易降溫變涼的工具。

雖然是個對縫製要求較高、有點難的用品,但製作起來後是可以長久使用的。

準備物品

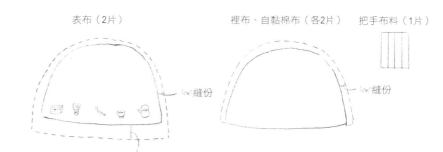

表布(2片)　　裡布、自黏棉布(各2片)　　把手布料(1片)

1cm縫份　　1cm縫份

2cm摺邊

1. 將把手布片從兩側朝內折起後,縫合成一半的寬度。

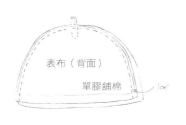

表布(背面)
單膠舖棉
1cm

2. 將刺繡完成的表布,由背面用熨斗燙貼上舖棉。其他表布也用相同的方法燙好舖棉。再將二片表布正面相對重疊,中間放上把手布後,沿1公分的縫份邊緣進行縫合。

表布(背面)
單膠舖棉
折起2cm

3. 將縫份用熨斗燙平,固定於兩側,下方並摺起2公分作為摺邊。

裡布(背面)
折起1cm

4. 將二片內襯布正面相對後,用相同的方法縫合之後,下方摺起1公分摺邊。

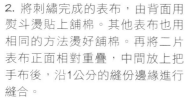

內襯(正面)
表布(正面)

5. 如圖所示,裡布於表布外。

內襯(正面)
外層布片(背面)
表布(正面)

6. 如圖所示,裡布與表布縫合。

內襯(正面)

7. 翻面即完成!

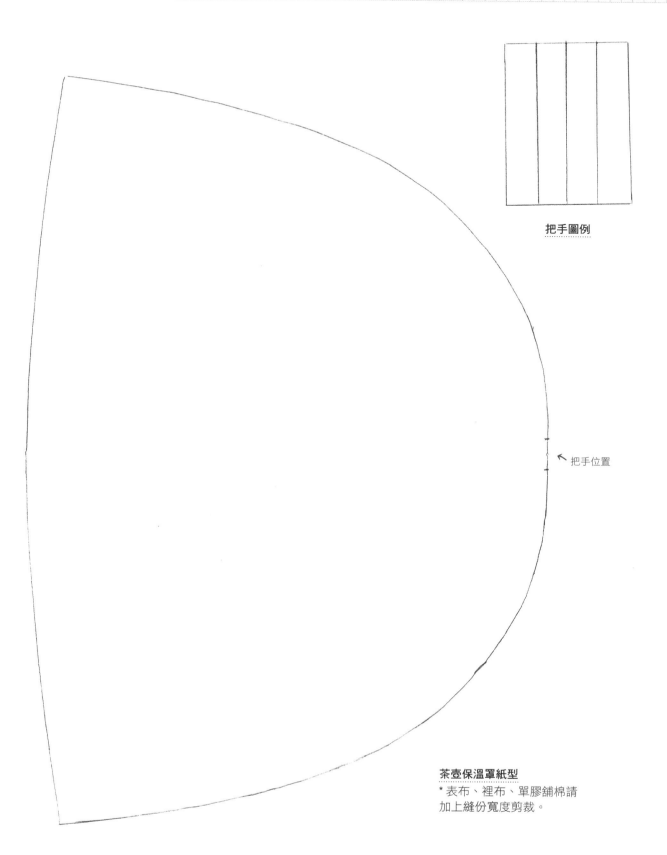

把手圖例

← 把手位置

茶壺保溫罩紙型
＊表布、裡布、單膠舖棉請
加上縫份寬度剪裁。

紅茶茶包

雖然耗費心力，但用茶葉沖泡的紅茶很優秀，
而捧一杯茶包泡的紅茶，則讓人備感從容。

選用布料
白色有機棉

選用繡線
DMC 25 號繡線
○ ECRU
● 3810
● 3830
● 355
● 535

其他材料
10公分木製繡框

使用技法
裂線繡
回針繡
平針繡
直線繡

刺繡順序
茶杯→茶碟→茶包
* 茶包請於別張繡布上刺繡後剪裁
下來使用。

刺繡大小
約6×5公分

紅茶茶包圖樣

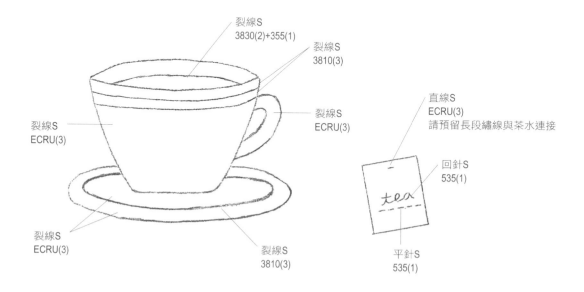

裂線S
3830(2)+355(1)

裂線S
3810(3)

裂線S
ECRU(3)

裂線S
ECRU(3)

裂線S
ECRU(3)

直線S
ECRU(3)
請預留長段繡線與茶水連接

回針S
535(1)

平針S
535(1)

裂線S
3810(3)

tea

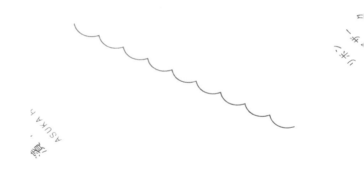

15:02 pm

#閱讀時光

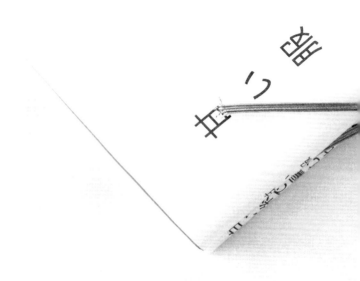

就如同一針一線的手作刺繡一般
我也將他人一字一句書寫的文字
留放在心底

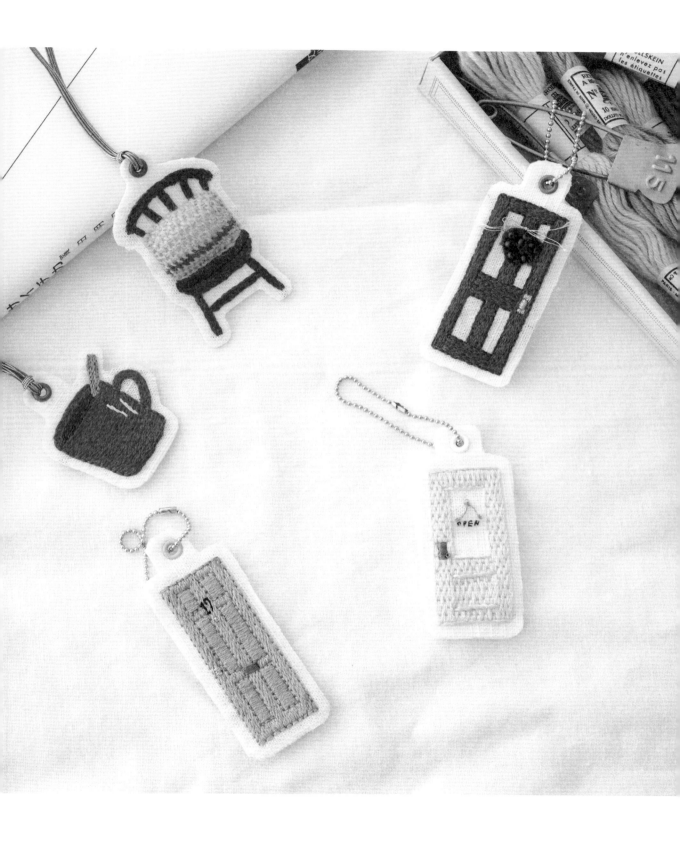

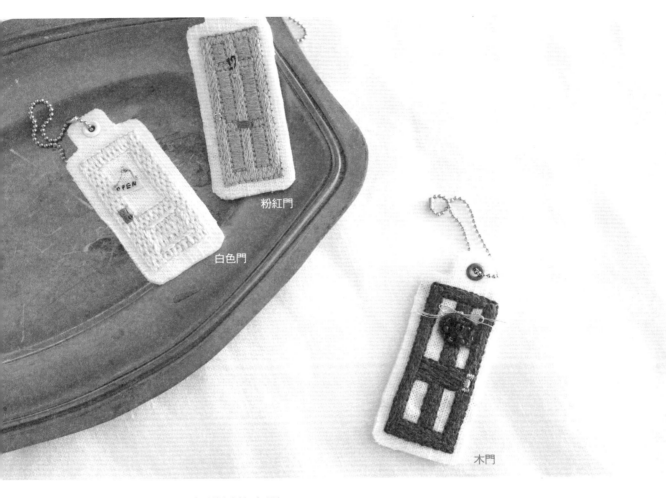

粉紅門

白色門

木門

書籍，就是通往另一個世界的大門。
今天我們又將打開哪一扇門呢？

選用布料
白色有機棉

選用繡線
〔木門〕
DMC 25 號繡線
● 433
● 801
● 3818
DMC 金屬線
● D3821
〔白色門〕
DMC 25 號繡線
○ ECRU
● 3884
〔粉紅門〕
DMC 25 號繡線
● 152
● 3884
● 939
DMC 金屬線
● D3821

其他材料
毛氈布（白色或象牙白）
水溶性轉繡布
鬚邊脫線防止液
四合扣
圓珠鍊
〔木門〕
串珠 02062 －深紅色（直徑約 2.5 釐米）
〔白色門〕
串珠 40777 －深金色（直徑約 2.5 釐米）
小片透明片
簽字筆

刺繡順序
〔木門〕門→花環→把手→緞帶（以 1 股
金屬線 D3821 製作後固定）
〔白色門〕門→把手→ OPEN 告示（以簽
字筆在透明片上書寫後固定）
〔粉紅門〕門→把手→門牌號 17

使用技法
〔木門〕
裂線繡
回針繡
斯麥納繡
串珠
緞面繡
〔白色門〕
長短針繡
輪廓繡
緞面繡
串珠
〔粉紅門〕
輪廓填色繡
回針繡
緞面繡
法式結粒繡

刺繡大小
〔木門〕約 2×6 公分
〔白色門〕約 2×5 公分
〔粉紅門〕約 2×6 公分

木門圖樣

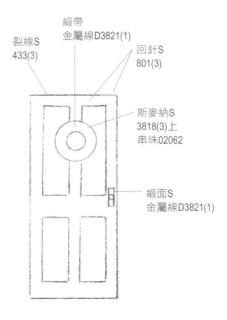

緞帶
金屬線 D3821(1)

裂線S
433(3)

回針S
801(3)

斯麥納S
3818(3)上
串珠02062

緞面S
金屬線D3821(1)

白色門圖樣

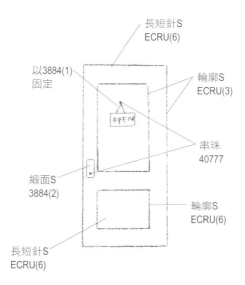

長短針S
ECRU(6)

以3884(1)
固定

輪廓S
ECRU(3)

串珠
40777

緞面S
3884(2)

輪廓S
ECRU(6)

長短針S
ECRU(6)

粉紅門圖樣

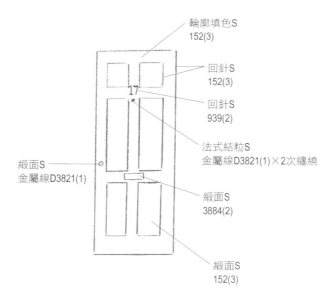

輪廓填色S
152(3)

回針S
152(3)

回針S
939(2)

法式結粒S
金屬線D3821(1)×2次纏繞

緞面S
金屬線D3821(1)

緞面S
3884(2)

緞面S
152(3)

* Special

書籤製作方法

在繡好的布片下黏上毛氈布就能輕鬆完成，
初學者也能簡單製作。

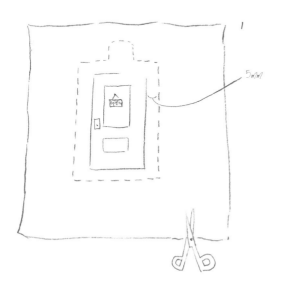

1.完成刺繡後，預留0.5公分的布邊
後剪裁繡布。

★ **Tip** 可以在剪裁下來布片邊緣先塗上
鬚邊脫線防止液避免布片鬚邊。

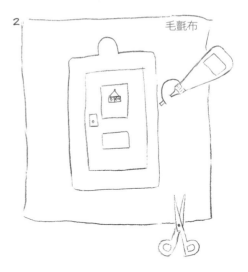

2. 毛氈布上塗上布用黏著
劑，貼合繡布背面，將毛氈
布剪裁至繡布同一大小。

3. 在頂端用打孔器鑽出孔洞之後，
在孔洞中固定扣眼，連接喜歡的
鍊子即完成！

可可

椅子

在放著抱枕的搖椅上坐下
配上一杯熱可可
適意閱讀的時光

選用布料
白色有機棉

選用繡線
（椅子）
DMC 25 號繡線
● 801
● 347
Appletons 羊毛線
● 981
（可可）
DMC 25 號繡線
● 801
● 3863
● 347
○ ECRU

其他材料
毛氈布（白色或是象牙白）
水溶性轉繡布
鬚邊脫線防止液
扣眼
扣眼打洞器
緞帶
（椅子）填充用棉花

使用技法
（椅子）
輪廓填色繡
緞面繡
盤線扣眼繡
（可可）
裂線繡
回針繡
輪廓填色繡
輪廓繡

刺繡順序
（椅子）椅子→椅墊
（可可）馬克杯→可可→茶匙

刺繡大小
（椅子）約4×6公分
（可可）約4×3公分

Point

以盤線扣眼繡製作椅墊的時候，在其中放入棉花，就能表現出有立體感的椅墊！
為繡出椅墊的重點更換刺繡線的時候，請在第6層收尾後用新的繡線繼續刺繡。

椅子&可可圖樣

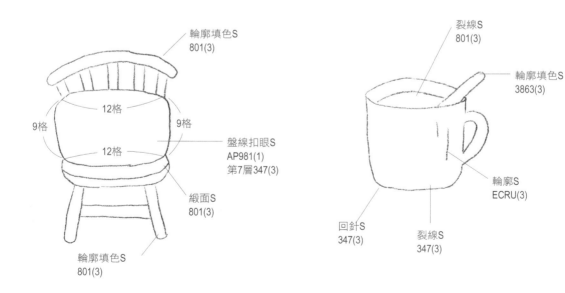

輪廓填色S
801(3)

12格

9格   9格

12格

盤線扣眼S
AP981(1)
第7層347(3)

緞面S
801(3)

輪廓填色S
801(3)

裂線S
801(3)

輪廓填色S
3863(3)

輪廓S
ECRU(3)

回針S
347(3)

裂線S
347(3)

對話框 & 貴賓狗

與家中的老么核桃一起
踢躂踢躂社區中散步

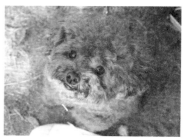

選用布料
白色 Converse 運動鞋

選用繡線
DMC 25 號繡線
〔對話框〕
● 349
〔貴賓狗〕
● 434
● 310

使用技法
〔對話框〕
回針繡
鎖鏈繡
法式結粒繡
〔貴賓狗〕
環眼繡
法式結粒繡

刺繡順序
〔對話框〕文字→外框
〔貴賓狗〕臉、耳朵→眼、鼻

刺繡大小
〔對話框〕約 4×4 公分
〔貴賓狗〕約 3×2 公分

Point

在運動鞋上進行刺繡的時候,手很難深到最底部、因此也不易收尾打結,此時就在背面刺繡的部分,以繞線收尾吧。

對話框&貴賓狗圖樣

鎖鏈S
349(3)

回針S
349(2)

法式結粒S
349(2)×2次纏繞

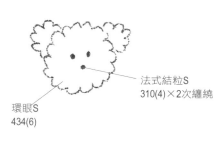

環眼S
434(6)

法式結粒S
310(4)×2次纏繞

野餐

陽光和煦的時候，就到家附近野餐吧
帶上一本喜愛的書籍
或是帶上刺繡用品一起！

選用布料
白色有機棉

選用繡線
DMC 25 號繡線
● 3862
● 801
○ ECRU
● 347
● 3895
● 500
● 367
● 823
● 3864
● 3830
● 645

其他材料
18 公分木製繡框
水溶性轉繡布

使用技法
織物繡
輪廓繡
繞線鎖鏈繡
輪廓填色繡
回針繡

刺繡順序
野餐籃籃子→野餐籃提把→亞麻野餐墊
→保溫瓶→杯子→書→文字圖樣

刺繡大小
約 10×7 公分

Point

在刺繡野餐籃的提把時，鎖鏈繡的針眼需盡可能小，才能流暢表現出提把的曲線部分，進行繞線繡的時候才能製作出環狀的提把。
在進行文字刺繡的時候，記得應用水溶性轉繡布喔。

野餐圖樣

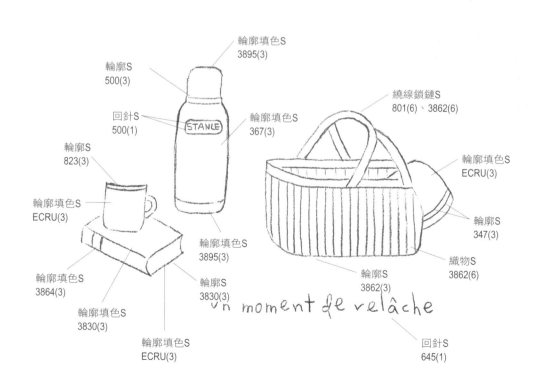

輪廓填色S
3895(3)

輪廓S
500(3)

回針S
500(1)

輪廓填色S
367(3)

繞線鎖鏈S
801(6)、3862(6)

輪廓填色S
ECRU(3)

輪廓S
823(3)

輪廓填色S
ECRU(3)

輪廓S
347(3)

輪廓填色S
3895(3)

織物S
3862(6)

輪廓填色S
3864(3)

輪廓S
3830(3)

輪廓S
3862(3)

輪廓填色S
3830(3)

vn moment de relâche

輪廓填色S
ECRU(3)

回針S
645(1)

熱茶總是美好

Chapter 3

共度傍晚
時分

慢慢回到空蕩蕩的家
家中成員們聚首
我們家最溫馨的時間

18:13 pm

#去市場之前

今天晚餐吃什麼好呢？
首先，帶上菜籃和錢包，
去趟市場看看吧！

大袋小袋，從市場回家的路上。
從烘烤完美的法式長棍麵包，
到新鮮的彩椒和清爽的檸檬。

菜籃提袋

選用布料
Converse 環保袋

選用繡線
DMC 25 號繡線
○ ECRU
● 3895
○ BLANC
● 310
● 437
● 801
● 726
● 3345
● 3346
● 471
● 321
● 434
● 436

其他材料
水溶性轉繡布

使用技法
裂線繡
緞面繡
法式結粒繡
回針繡
輪廓繡
直線繡

刺繡順序
包包→油瓶→花菜 →小點心→
檸檬→花椰菜 →彩椒→法式長棍→
芹菜→文字圖樣

刺繡大小
約5×7公分

Point

在平凡無奇的環保袋上繡上可
愛的小圖案，它就能變身為美
麗的菜籃提袋！先將包包用裂
線繡和緞面繡仔細填滿後，再
繡上其他東西。

菜籃提袋圖樣

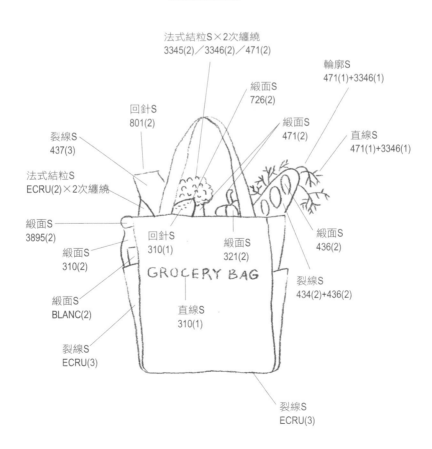

法式結粒S×2次纏繞
3345(2)／3346(2)／471(2)

輪廓S
471(1)+3346(1)

緞面S
726(2)

回針S
801(2)

緞面S
471(2)

直線S
471(1)+3346(1)

裂線S
437(3)

法式結粒S
ECRU(2)×2次纏繞

緞面S
3895(2)

回針S
310(1)

緞面S
321(2)

緞面S
436(2)

緞面S
310(2)

裂線S
434(2)+436(2)

緞面S
BLANC(2)

GROCERY BAG

直線S
310(1)

裂線S
ECRU(3)

裂線S
ECRU(3)

零錢包

是的，沒錯，
Shopping就是王道，
Oui，qui.

選用布料
格紋棉布

選用繡線
DMC 25 號繡線
○ 17
● 3340

其他材料
塑膠外框 10 公分（＋卡榫）
單膠舖棉
手藝用黏著劑
熨斗
錐子

使用技法
斯麥納繡
直線繡
緞面繡
法式結粒繡

刺繡大小
約 5×3 公分

Point

製作緞面繡的時候，第一層可
用直線繡先繡幾針，然後再進
行緞面繡，會讓圖案更有厚實
的立體感。

零錢包圖樣與圖示

17或3340

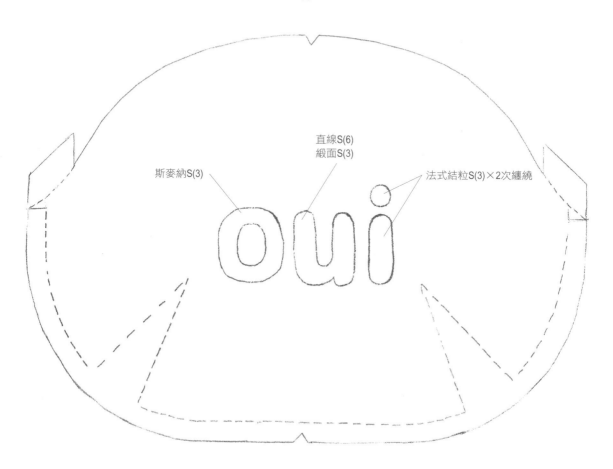

直線S(6)
緞面S(3)

斯麥納S(3)

法式結粒S(3)×2次纏繞

*Special

零錢包製作方法

現在雖然比較少人在使用零錢包,但海外旅行時還是很實用。
不同的製作的方法也略有不同,
在這裡就利用塑膠的口金框架,
與讀者說明具立體感的零錢包製作方法。

準備物品

表布、內襯布料各2片

單膠舖棉

———————— 剪裁線

- - - - - - 縫線&藏線縫

表布、裡布料各2片,不留縫份直
接剪裁。
將有膠舖棉按照內側的縫線與藏
針縫(虛線)剪裁。
利用剪裁好的舖棉,在表布與裡
布上標示好縫線也不錯。

表布(背面)

自黏棉布

1. 用熨斗將單舖棉黏貼在表布的背面,裡布
則不使用自黏棉布。

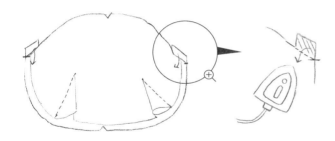

2. 表布與裡布各自按照標記線，進行藏針縫
（共四片），縫好的藏針摺邊往內凹折。
開口周邊的斜線部分，分別往繡布內側摺好，
用熨斗按壓熨平。

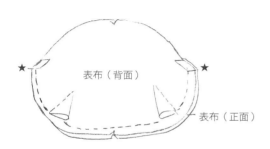

表布（背面）

★

★

表布（正面）

3. 表布與表布、裡布與裡布，分別將正面
相對放置重疊，隨後縫合至★標記處。

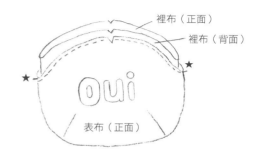

裡布（正面）

裡布（背面）

★

★

表布（正面）

4. 將表布與裡布翻過來，讓表布的背面與
裡布的背面相對放置並套入，如圖在開
口周邊約2公釐處進行縫合。

★ Tip 縫線的部分將會塞入塑膠邊框之中，因
此直接縫合也沒關係。不需額外留縫口，可簡
單縫合。

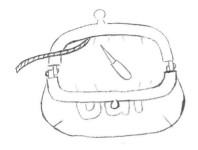

5. 在邊框內側塗上接著劑，一邊左右均衡地拉好皺
褶，一邊用錐子將布料推進邊框之內。此時要留意邊
框中心點和布料的中心位置不可偏離。邊框和布料間
塞好卡榫即完成。

★ Tip 卡榫是購買塑膠框的時候會一併附上，若沒有附上卡
榫，則可以放入麻繩。塑膠邊框因為摩擦力較弱、很容易
滑脫，所以需要放入卡榫較好。

18:57 pm #勿忘保存期限

標籤

保存期限到什麼時候？
這個果醬是什麼時候做的？
看一眼標籤就一目了然。

選用布料
10CT 象牙白亞麻布

選用繡線
DMC 25 號繡線
● 347

其他材料
防止鬚邊脫線液

使用技法
輪廓繡

刺繡大小
約 15×15 公分（玻璃瓶直徑約
9 公分為基準）

Point
玻璃瓶中裝上親手做的果醬、
糖果或餅乾等等，繡好日期，
送給身邊的人吧！

標籤圖樣50%
此為縮小 50% 的圖案，需放大 200% 複印使用。

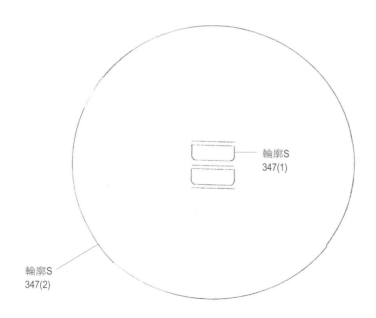

輪廓S
347(1)

輪廓S
347(2)

* Special

玻璃瓶封口套製作方法

封口套隨著套用的瓶蓋大小不同,成品的尺寸也不同。
瓶蓋的直徑約5~6公分,則繡布須剪裁更大一些來製作看看。

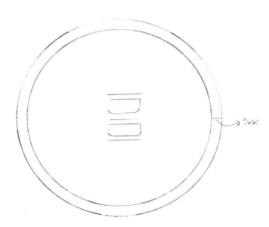

1. 在外圍留下約0.5公分的寬度,
將繡布剪裁下來。
★ Tip 如在繡布邊緣塗上鬚邊防綻
液,可以防止線頭脫落的現象。

2. 將瓶蓋包裹住,用線繩
圍繞一圈後密實綑綁。

19:19 pm ＃整潔的家用品

充滿我的手碰觸的溫度
我們家廚房的生活用品們

選用布料
白色有機棉

選用繡線
DMC 25 號繡線
● 3895
● 310
● 434
● 3863
● 3862
● 3045

其他材料
18公分木製繡框

使用技法
裂線繡
緞面繡
輪廓繡
法式結粒繡
輪廓填色繡
蛛網玫瑰繡
鎖鏈繡
毛邊繡
環眼繡

刺繡順序
茶壺→剪刀→廚刀→
木製飯杓→籬筐→隔熱墊→
木碗→湯杓

刺繡大小
約 12×10 公分

Point

隔熱墊先用鎖鏈繡繡基底部分，再用毛邊繡覆蓋其上，就能表現出厚實感。
在繡籬筐支柱的時候，必須為奇數，繡製一半後，再追加支柱數量時，也要記得空下一處，讓支柱保持奇數喔！

廚房餐具圖樣

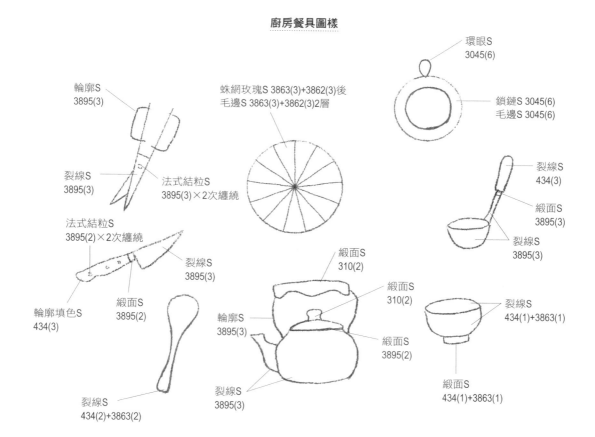

環眼S
3045(6)

鎖鏈S 3045(6)
毛邊S 3045(6)

輪廓S
3895(3)

蛛網玫瑰S 3863(3)+3862(3)後
毛邊S 3863(3)+3862(3)2層

裂線S
434(3)

緞面S
3895(3)

裂線S
3895(3)

裂線S
3895(3)

法式結粒S
3895(3)×2次纏繞

法式結粒S
3895(2)×2次纏繞

裂線S
3895(3)

緞面S
310(2)

緞面S
310(2)

裂線S
434(1)+3863(1)

輪廓填色S
434(3)

緞面S
3895(2)

輪廓S
3895(3)

緞面S
3895(2)

緞面S
434(1)+3863(1)

裂線S
434(2)+3863(2)

裂線S
3895(3)

145

1

將圖案轉繪至繡布上後，分別用裂線繡繡好茶壺的壺身和壺口。

2

用緞面繡繡上茶壺的瓶蓋與把手，把手的連接部分則使用輪廓繡，茶壺完成！

3

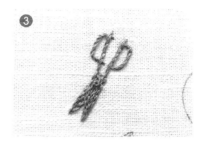

用輪廓繡繡上廚房剪刀的把手部分，再用裂線繡補滿刀刃，中間眼則使用法式結粒繡製作。

4

廚刀的刀刃用裂線繡及緞面繡填滿，用輪廓填色繡補滿把手部分後，在其上繡上法式結粒繡。

5

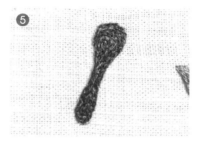

木製飯杓未表現出自然的木頭質地，因此請混和兩種顏色的繡線進行裂線繡。

6

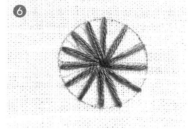

先繡出作為籮筐基底的支柱，這步驟須留意支柱必須為奇數。請用直線繡繡上13根支柱。

7

從支柱的正中間出針。

8

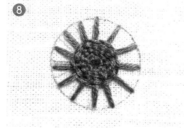

將繡線在支柱間以上、下交錯穿過，補滿底盤至一半左右。

★ Tip 如將繡針倒轉、用針眼部分穿過直線繡針眼，就不須擔心繡線會裂開了。

9

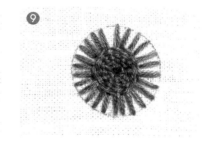

繡到中間部分後，在支柱與支住之間，再以直線繡各增加一根支柱。此時整體支柱數量還是必須維持奇數，因此其中一處須空下，總共須有25根支柱。

⑩ 用相同的方法將繡線以上、下交錯穿過繡線，將籬筐剩餘的一半補滿收尾。

⑪ 現在是製作籬筐側邊的順序！在底盤的支柱下方穿出繡針，開始毛邊繡。

⑫ 在第二層毛邊繡上穿出繡針，再製作一層毛邊繡。

⑬ 籬筐完成！

⑭ 隔熱墊須先用鎖鏈繡填滿內部，接著在其上用毛邊繡細密覆蓋上去。

⑮ 用環眼繡製作出隔熱墊的勾環。

⑯ 先用水性筆畫下木碗自然的木頭紋路，再沿著紋路方向進行裂線繡。底部則使用緞面繡製作。

⑰ 湯杓的杓子部分，用裂線繡繡好後，再用緞面繡製作把手部分收尾。

哈密瓜汽水、布丁、雞蛋三明治、烏龍麵、蛋包飯、草莓大福

將旅行的回憶完整保存，
那些在陌生的旅程中遇見的各種食物。

選用布料
白色有機棉

選用繡線
DMC 25 號繡線
〔哈密瓜汽水〕
● 648
● 699
　739
● 349
〔布丁〕
● 301
　739
● 648
〔雞蛋三明治〕
　739
　745
○ BLANC
● 699
〔烏龍麵〕
● 3777
● 310
　739
● 3347
● 3345
● 760
〔蛋包飯〕
● 312
　307
● 349
● 3345
● 471
〔草莓大福〕
● 957
○ BLANC
● 321
● 838

其他材料
毛氈布（白色或象牙白）
防止鬚邊脫線液
磁鐵
手藝用黏著劑
熱熔槍
〔哈密瓜汽水〕
串珠 16617
一鮮紅色（直徑約 4 公釐）

刺繡順序
〔哈密瓜汽水〕杯子→哈密瓜汽水→
冰淇淋→櫻桃→櫻桃梗
〔布丁〕布丁→碟子
〔雞蛋三明治〕吐司→雞蛋沙拉
〔烏龍麵〕碗→麵→蔥花→魚板
〔蛋包飯〕碟子→雞蛋→番茄醬→
小番茄→蘆筍
〔草莓大福〕包裝盒→麻糬→草莓→
紅豆餡

刺繡大小
〔哈密瓜汽水〕約 2×4 公分
〔布丁〕約 3×3 公分
〔雞蛋三明治〕約 3×3 公分
〔烏龍麵〕約 3×3 公分
〔蛋包飯〕約 4×3 公分
〔草莓大福〕約 2×3 公分

使用技法
〔哈密瓜汽水〕
輪廓繡
緞面繡
裂線繡
直線繡
串珠
立體結粒繡
〔布丁〕
裂線繡
輪廓繡
毛邊繡
〔雞蛋三明治〕
裂線繡
法式結粒繡
〔烏龍麵〕
輪廓繡
法式結粒繡
緞面繡
〔蛋包飯〕
輪廓繡
直線繡
緞面繡
釘線繡
〔草莓大福〕
緞面繡
裂線繡
法式結粒繡

Point

因為成品尺寸並不大，對初學者
來說可能會較困難。

哈密瓜汽水、布丁、雞蛋三明治、烏龍麵、蛋包飯、草莓大福圖樣

直線S 739(6)後
緞面S 739(2)

立體結粒S
349(2)×10次纏繞

裂線S
739(2)

串珠
16617

裂線S
699(3)

輪廓S
648(2)

緞面S
648(2)

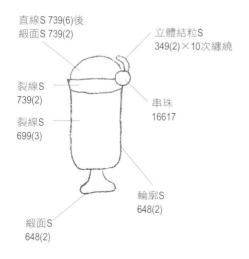

輪廓S
739(2)

裂線S
301(3)

裂線S
739(3)

裂線S
301(3)

毛邊S
648(2)

裂線S
739(3)

法式結粒S
699(1)×2次纏繞

裂線S
739(3)

法式結粒S×2次纏繞
745(2)／BLANC(2)

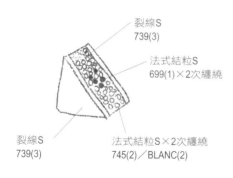

法式結粒S×2次纏繞
3347(2)／3345(2)

緞面S
739(2)

輪廓S
760(2)

輪廓S
3777(3)

輪廓S
739(4)

輪廓S
310(3)

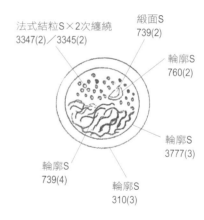

直線S
3345(1)

釘線S
471(6)、3345(1)

緞面S
349(1)

直線S
3345(1)

輪廓S
349(3)

輪廓S
312(2)

直線S 307(6)後
緞面S 307(2)

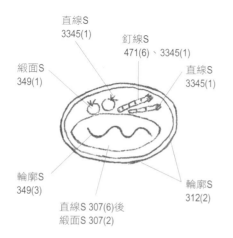

法式結粒S
838(1)×2次纏繞

緞面S
BLANC(2)

直線S
838(3)

裂線S
321(3)

緞面S
957(2)

*Special

磁鐵製作方法

在繡好的布片後方先黏上毛氈布後，再貼上磁石就立刻完成一個磁鐵。
如果用胸針代替磁石，也能成為很漂亮的胸針吧？

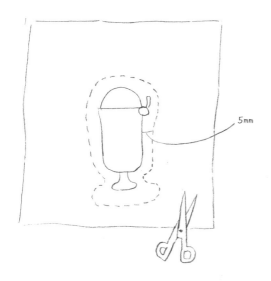

5mm

1. 完成刺繡後，留下約0.5公分的布
邊，剪裁繡布。
★ Tip 如在繡布邊緣塗上鬚邊防綻液，可以
防止線頭脫落的現象。

毛氈布

2. 在毛氈布上塗上黏著劑，與繡布的
背面貼合後，將毛氈布剪裁至和繡布
相同大小。

3. 背面用熱熔膠黏上磁鐵即完成！

鮮奶油蛋糕

巧克力甘納許蛋糕

365天之中，唯有一天你就是主角。
想要傾盡真誠、真心祝賀，
屬於你最特別的一天。

選用布料
白色有機棉

選用繡線
〔鮮奶油蛋糕〕
DMC 25 號繡線
○ ECRU
DMC 金屬線
● D301
〔巧克力甘納許蛋糕〕
DMC 25 號繡線
● 838
DMC 金屬線
◑ D168

使用技法
〔鮮奶油蛋糕〕
裂線繡
串珠
回針繡
〔巧克力甘納許蛋糕〕
裂線繡
繞線平針繡
串珠
亮片

其他材料
毛氈布（白色或象牙白）
手藝用黏著劑
鬚邊脫線防止液
竹籤
磁鐵
熱熔槍
透明線
〔鮮奶油蛋糕〕
串珠 40777 －彩色（直徑約 2mm）
〔巧克力甘納許蛋糕〕
圓管珠 72023 －深棕色（長度約 6mm）
粉色亮片（直徑約 5mm）

刺繡順序
〔鮮奶油蛋糕〕蛋糕→串珠→字母圖樣
〔巧克力甘納許蛋糕〕蛋糕→蠟燭→串珠
→亮片

刺繡大小
〔鮮奶油蛋糕〕約 5×5 公分
〔巧克力甘納許蛋糕〕約 5×7 公分

Point

如果不容易在水溶性轉繡布上
進行文字刺繡的話，可以改用
水溶性的描繪圖案後再進行刺
繡。

鮮奶油蛋糕&巧克力甘納許蛋糕圖樣

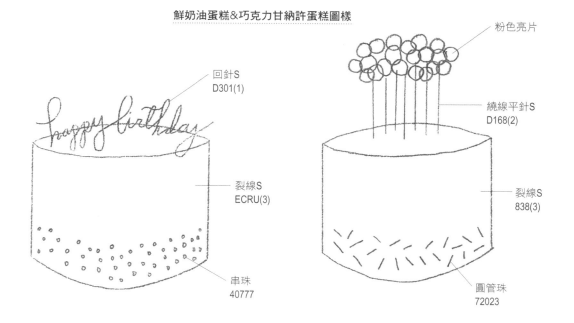

回針S
D301(1)

裂線S
ECRU(3)

串珠
40777

粉色亮片

繞線平針S
D168(2)

裂線S
838(3)

圓管珠
72023

蛋糕裝飾製作方法

最近，比起插上蠟燭，
更流行在蛋糕上插上裝飾。
用簡易的方法製作看看蛋糕裝飾吧！

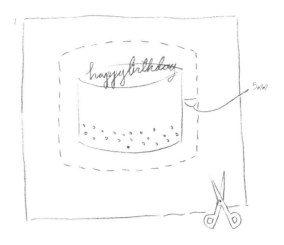

1. 完成刺繡後，留下約0.5公分的布邊，剪裁繡布。

★ Tip 如在繡布邊緣塗上鬚邊防綻液，可以防止線頭脫落的現象。

毛氈布

2. 在毛氈布上塗上黏著劑，與繡布的背面貼合後，將毛氈布剪裁至和繡布相同大小。

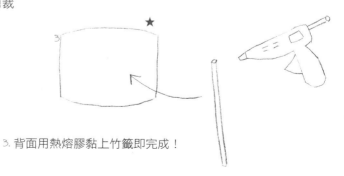

3. 背面用熱熔膠黏上竹籤即完成！

細語談天
溫馨的時光

Chapter 4

為了明日
休息充電

今天辛苦了，
希望明天可以成為更好的一天。
Good Night.

21:49 pm

#放鬆的夜晚

刺繡時鐘

在星星升起的時刻，
送走影子漸長的午後，
不知不覺，又是揮別一天的時刻。

選用布料
白色有機棉

選用繡線
DMC 25 號繡線
○ ECRU
Appletons 羊毛繡線
● 445
● 985

其他材料
串珠 03017
－淺粉色（直徑約 2.5mm）
串珠 02061
－深橘色（直徑約 2.5mm）
圓管珠 72013
－鮮紅色（長度約 6mm）
木珠（直徑約 10mm）
透明線
時鐘 DIY 材料
18 公分木製繡框
毛氈布（白色或象牙白）
手藝用黏著劑

使用技法
輪廓繡
斯麥納繡
釘線繡
回針繡
緞面繡
包裹串珠
法式結粒繡
串珠
輪狀毛邊繡

刺繡大小
直徑約 18 公分

Point

繡線、羊毛線、串珠、圓管
珠、木珠等等，刺繡使用的各
種材料總動員，用調性簡單的
三種顏色組合製作。

時鐘圖樣
已縮小 60% 的圖案，
請放大 167% 複印使用。

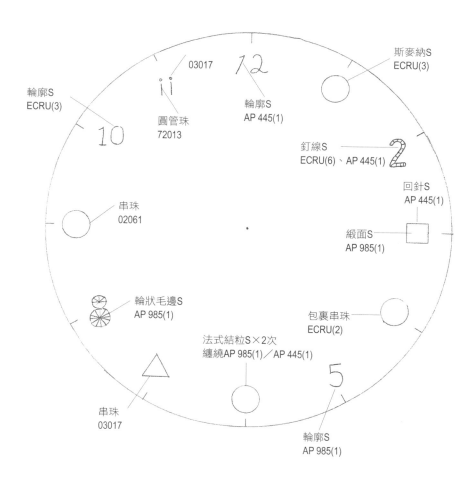

刺繡時鐘製作方法

只要在繡框上安裝好時鐘指針裝置，
就能變身為刺繡時鐘！

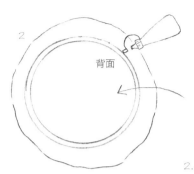

2. 將毛氈布剪裁出繡框內
圈大小，並用黏著劑黏貼
在刺繡背面。

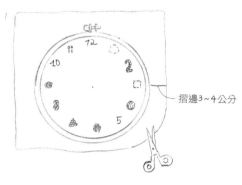

摺邊3~4公分

1. 刺繡完成後，留下約3~4公分縫份
的空間，剪裁繡布。

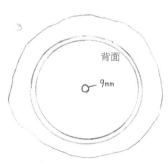

3. 在正中間刺出直徑約9公釐的
洞。

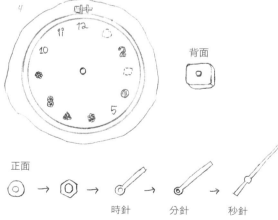

正面

時針　分針　秒針

4. 在繡布背面，將時鐘的背部零件插入洞
中。正面則按照圖面所示，依照圓型零
件、螺帽、時針、分針、以及最後的秒針順
序，一一安裝。

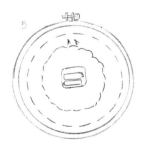

5. 如製作刺繡畫框一樣，在繡布的背面用平
針繡收尾，放入電池對時後，刺繡時鐘完
成！

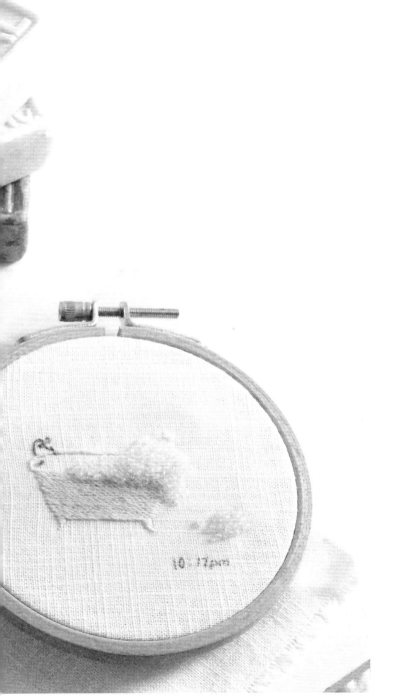

22:10 pm

#浴室的風景

搓出豐富的泡沫洗洗臉，
在放滿熱水的浴缸裡泡個澡，
放鬆一天的疲憊。

天藍肥皂

雪白肥皂

透過熱氣，在雪白蓬鬆的泡泡
之間，散發出肥皂清神香氣

選用布料
白色有機棉

選用繡線
DMC 25 號繡線
（雪白肥皂）○ ECRU
（天藍肥皂）● 168

其他材料
水溶性轉繡布
串珠 00161 －透明（直徑約
2.5 公釐）
串珠 60161 －透明（直徑約
2.5 公釐）
透明線
10 公分木製繡框
（天藍肥皂）毛氈布（天藍
色）

使用技法
（雪白肥皂）
輪廓填色繡
輪廓繡
串珠
（天藍肥皂）
輪廓繡
嵌花繡－直線繡
串珠

刺繡順序
（雪白肥皂）肥皂→ soap 文字圖樣→
泡沫串珠→文字圖樣
（天藍肥皂）毛氈布 savon 文字圖樣→
肥皂嵌花繡→泡沫串珠

刺繡大小
（雪白肥皂）約 7×4 公分
（天藍肥皂）約 6×4 公分

Point

雖然是模樣相同的肥皂，但可
以嘗試平面刺繡和嵌花繡兩種
不同的表現法。
因為毛氈布上不容易轉繪圖
案，可利用水溶性轉繡布轉移
圖案。

雪白肥皂圖樣

輪廓S
ECRU(4)

輪廓填色S
ECRU(3)

串珠
00161／60161

天藍肥皂圖樣

嵌花一直線S
168(1)

輪廓S
168(2)

輪廓S
168(3)

串珠
00161／60161

毛氈布
將適當大小剪裁下來後，
以嵌花繡進行固定

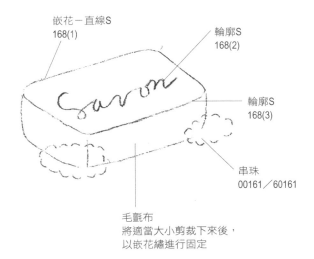

浴缸

10:17pm

將身體泡在充滿大量泡泡的浴缸裡，
感覺身體和心靈都變得柔軟舒服。

選用布料
白色有機棉

選用繡線
DMC 25 號繡線
○ ECRU
● 04

其他材料
串珠 00161
－透明（直徑約 2.5mm）
串珠 60161
－透明（直徑約 2.5mm）
透明線
10 公分木製繡框

使用技法
輪廓填色繡
輪廓繡
緞面繡
法式結粒繡
直線繡
串珠
回針繡

刺繡順序
浴缸→浴缸水栓→泡沫串珠→
字母圖樣

刺繡大小
約 7×5 公分

Point

將浴缸用輪廓填色繡仔細填滿
後，再重疊縫上滿滿的串珠
吧。

浴缸圖樣

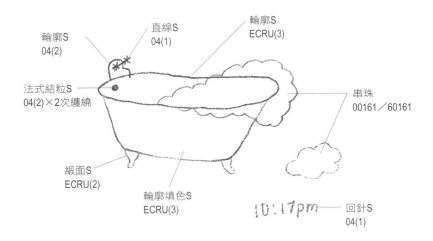

輪廓S
04(2)

直線S
04(1)

輪廓S
ECRU(3)

法式結粒S
04(2)×2次纏繞

串珠
00161／60161

緞面S
ECRU(2)

輪廓填色S
ECRU(3)

10:17pm —— 回針S
04(1)

23:16 pm

Good Night

季節流轉，
每日的流逝猶如四季，
一年最後的一個季節，
有著溫馨舒適的夜晚，
就像冬日。
Good Night

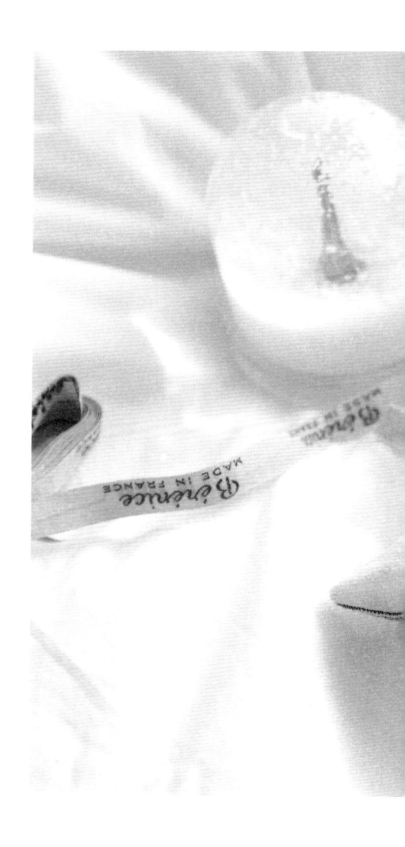

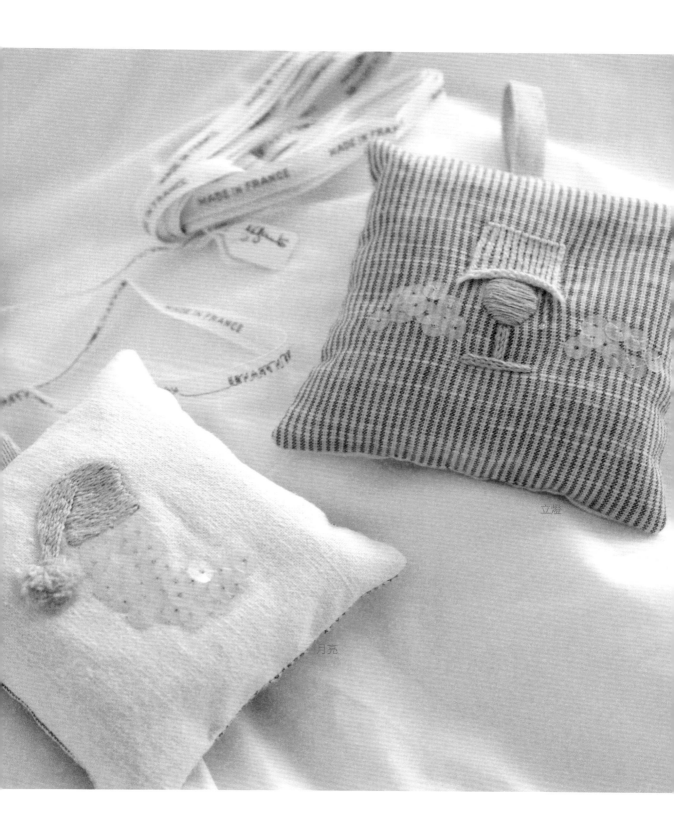

立燈

月亮

選用布料
條紋亞麻布
象牙白亞麻布

選用繡線
DMC 25 號繡線
〔立燈〕
○ ECRU
● 648
● 3046
〔月亮〕
● 168

其他材料
乾燥薰衣草
亞麻絲線
金色亮片（直徑約6mm）
透明線
〔立燈〕
串珠40777－銀色
（直徑約2mm）

使用技法
〔立燈〕
緞面繡
輪廓填色繡
錫蘭繡
輪廓繡
串珠
亮片
〔月亮〕
輪廓填色繡
斯麥納繡
亮面

刺繡順序
〔立燈〕燈泡→立燈底座→立燈燈罩→
開關→金色亮片
〔月亮〕帽子→帽子毛球→月亮

刺繡大小
[立燈] 約7×4公分
[月亮] 約5×5公分

Point

（立燈）製作斯麥納繡的時候，按照固定長度刺繡，才能表現得整齊。若是最後一層不進行固定，刺繡邊緣會稍微捲起，顯現出裡面的燈泡。

立燈圖樣與圖示

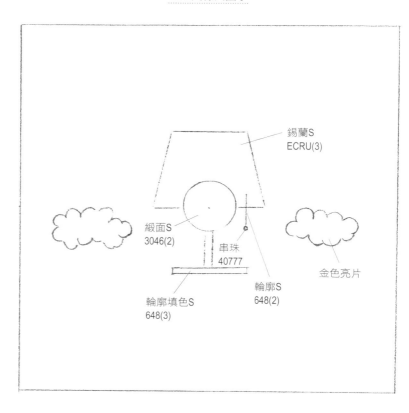

錫蘭S
ECRU(3)

緞面S
3046(2)

串珠
40777

金色亮片

輪廓填色S
648(3)

輪廓S
648(2)

月亮圖樣與圖示

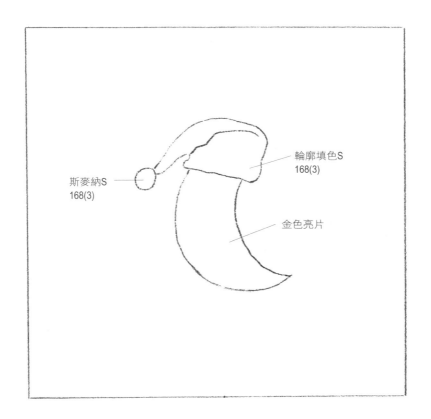

斯麥納S
168(3)

輪廓填色S
168(3)

金色亮片

*Special

香包製作方法

掛在包包一側或者衣櫥一角，散發出馨香氣息的香包。
設計採用任何人都能製作的簡單模樣，嘗試著多做幾個當作禮物吧。

表布（2片）

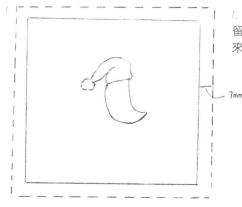

7mm

1. 外層的正面刺繡完成後，留下約0.7公分的縫邊剪裁下來。

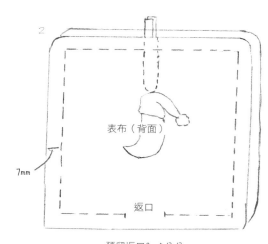

表布（背面）

7mm

返口

預留返口3~4公分

2. 繡好圖的正面與另一片的表布正面相對疊好之後，中間如圖所示插入吊環，下方預留3~4公分的返口不縫，將其他縫合。

★Tip 請留意表布刺繡圖案的方向。

3. 從預留的返口將布料翻回正面，從中填入乾燥薰衣草之後，以藏針縫方法縫合洞口，香包完成！

我們
明天再見

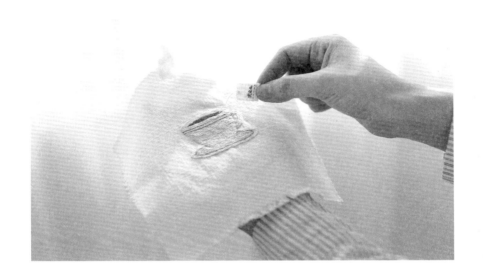

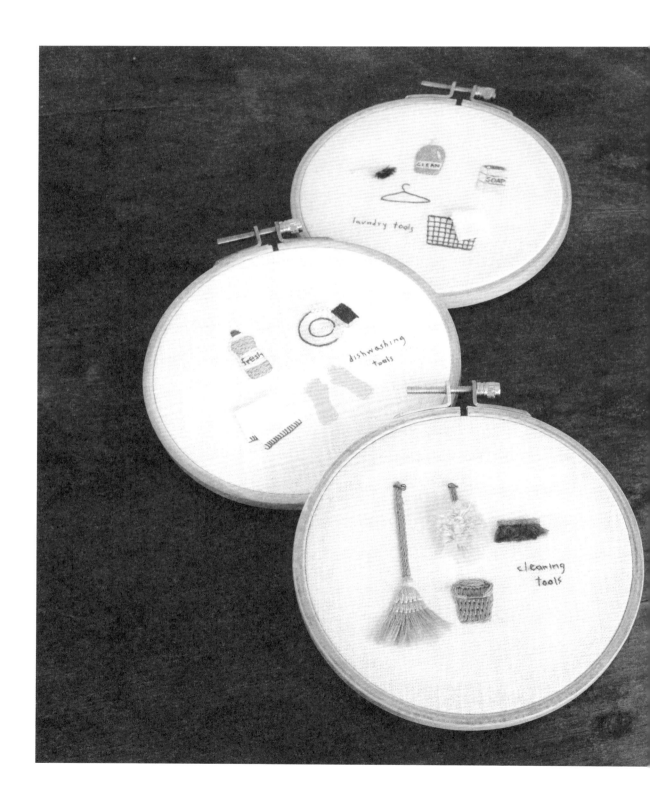

一針一線，
滿含心意、蘊含時光，
點滴累積的日常。

自然無華，
樸實平淡，
再多一點溫暖……

Stitch Index

Maker's letter

你今天過得怎麼樣了呢？
也是平淡無奇、平凡的一天嗎？
為了每天重複的日常，如果想要過得特別一些，
就需要全新的目光吧。
這本書就是在這層意義上，
替各位的刺繡生活增添一些新鮮感。
超越第一次刺繡的新奇刺激，
這本書也夢想能成為各位的刺繡日常。Yong

作為一個宅宅，我非常喜愛在家中的時光，
多虧了這些細節豐富的作品，
比起無意流逝的生活，我也更感到日常的回饋。
伴隨著這本書，
完整傳遞作者的感性以及創作的苦惱，
希望各位都能享受從容悠閒的日常。Seong

牙刷漱口杯

p. 67 / p. 68

07:52 am

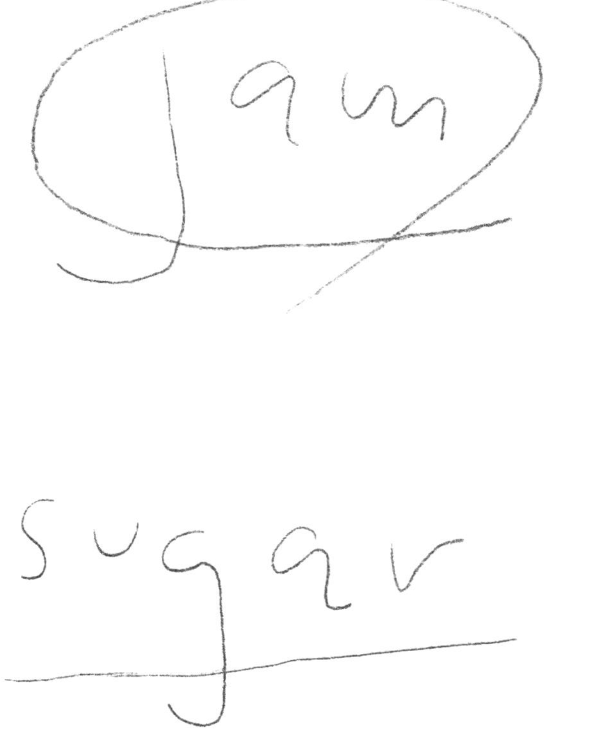

jam

sugar

butter!

*bread

coffeé

早午餐文字字樣

p. 71 / p. 72

book

(teapot)

cookie!

* tea

打掃

cleanin
tools

laundry tools

洗衣

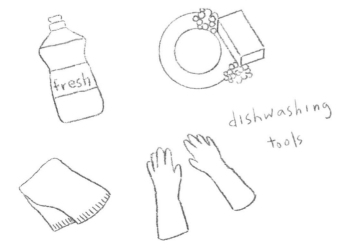

dishwashing
tools

洗碗

T恤 / 襪子

p. 90 / p. 91

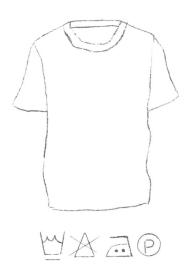

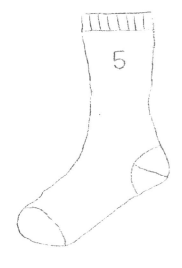

100% cotton

鉛筆

p. 102 / p. 103

Today is...

針插3件套

p. 98 / p. 99 ~ 101

✓ 不必畫圖

6個日常物品

p. 104 / p. 105 ~ 106

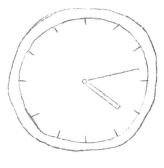  

3扇木門

p. 118 / p. 119 ~ 120

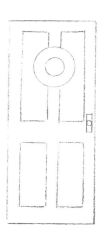 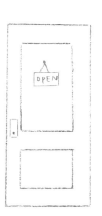 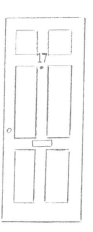

紅茶茶包

p. 114 / p. 115

2種蛋糕

p. 152 / p. 153

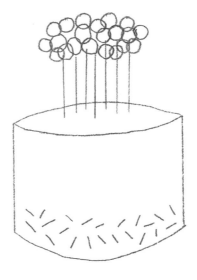

椅子 / 可可

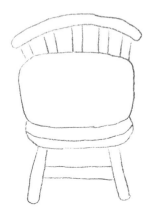

對話框 / 貴賓狗

茶具圖樣

野餐圖樣

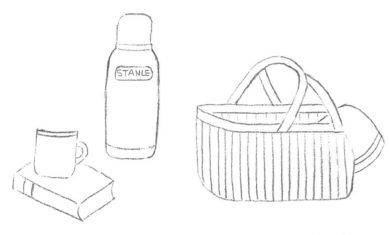

un moment de relâche

菜籃提袋

零錢包

p. 136 / p. 137

✔ 除了字母外，你不需要
再畫其他圖案。.

標籤

p. 140 / p. 141

✓ 不必畫圖

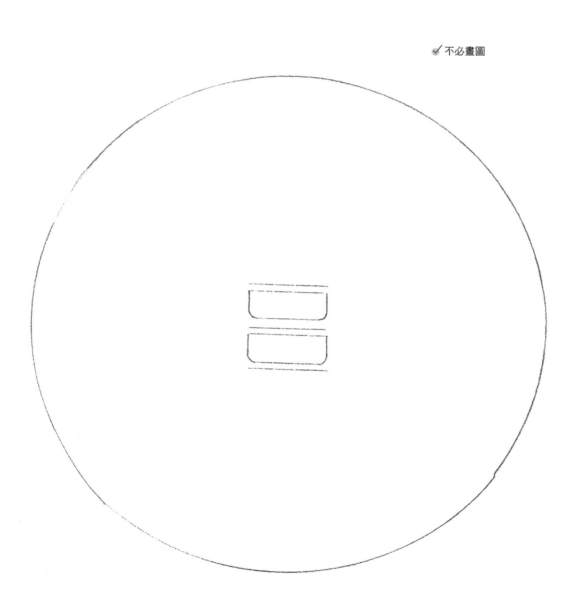

廚房餐具

p. 144 / p. 145

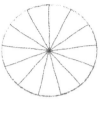

6種食物

p. 148 / p. 150

時鐘

p. 160 / p. 161

✔ 將數字與圖樣放在想要的角度
　形成一個圓圈。

12　　○　　2

□　　○　　5

○　　△　　8

○　　10　　11

2種肥皂

浴缸

10:17pm

立燈

p. 171 / p. 172

✔ 不用畫方形外框

月亮

p. 171 / p. 173 ~ 174

✔ 不用畫方形外框